小窗幽记

[明]陈眉公◎著

窦小平◎编译

江苏凤凰科学技术出版社·南京

图书在版编目（CIP）数据

小窗幽记 /（明）陈眉公著；窦小平编译 . — 南京：江苏凤凰科学技术出版社，2018.9（2022.5 重印）

ISBN 978-7-5537-8152-5

Ⅰ . ①小… Ⅱ . ①陈… ②窦… Ⅲ . ①人生哲学 – 中国 – 明代②《小窗幽记》– 译文 Ⅳ . ① B825

中国版本图书馆 CIP 数据核字 (2017) 第 087807 号

小窗幽记

著　　者	【明】陈眉公
编　　译	窦小平
责任编辑	祝　萍
责任监制	方　晨
出版发行	江苏凤凰科学技术出版社
出版社地址	南京市湖南路 1 号 A 楼，邮编：210009
出版社网址	http://www.pspress.cn
印　　刷	文畅阁印刷有限公司
开　　本	718 mm × 1 000 mm 1/16
印　　张	10.5
插　　页	1
字　　数	188 000
版　　次	2018 年 9 月第 1 版
印　　次	2022 年 5 月第 3 次印刷
标准书号	ISBN 978-7-5537-8152-5
定　　价	29.80 元

前言

《小窗幽记》《围炉夜话》和《菜根谭》被认为是中国人修身养性必读的三本书，更是中国古典文学宝库中的精华之作。这三本书不但可以开阔我们的视野，还可以让我们多方位、多角度地了解中华民族源远流长、内容丰富的传统文化，收到以一当十、窥一斑而知全豹的效果，故极具教育意义和收藏价值。

在继承原书的优秀文化成果之上，笔者对原著与译注做了一定的增减与梳理，并适当地加入一些现代人的审视观点，给予了相关的评价与赏析。所以此书具有很强的实用性和可读性，是人们提高处世能力、助力事业的帮手。希望读者能够从中享受到生活的智慧，找到寄托精神的支柱，踏上升华感情的航船，领悟处世思想的真谛，从而掌握更多为人处世的方法。

陈继儒（1558—1639 年），字仲醇，号眉公、麋公，华亭（今上海松江）人，明朝晚期文学家、藏书家、书画家。陈继儒自幼聪颖过人，很为同郡大学士徐阶器重。他的诗文短小精悍极有风致，他善绘画书法，也精于鉴赏。在明中期，画坛以“吴门画派”为首，代表画家有董其昌、陈继儒、周天球、莫是龙等，陈继儒与董其昌两人为此派中坚，并称于世。陈继儒的书法在苏、米之间，他尤好苏东坡的诗章文字。遇苏墨迹，虽断简残碑，必极搜采，手自摹刻，名曰《晚香堂帖》；又刻米芾书，曰《来仪堂帖》。其书风萧散秀雅，擅墨梅、山水，画梅多册页小幅，自然随意，意态萧疏。其山水画多水墨云山，笔墨湿润松秀，颇具情趣。他论画倡导文人画，持南北宗论，重视画家的修养，赞同书画同源。他有《梅花册》《云山卷》《皇明书画史》《书画金汤》等传世。

陈继儒生活于明万历、天启年间，曾屡被荐举为官，但坚辞不就。《明史·隐逸传》称其“年甫二十九，取儒衣冠焚弃之。隐居昆山之阳……”此后他一生布衣，绝意于仕途，隐居在东佘山，专心研究学问，编书著述，于诸子百家靡不精讨。陈继儒文艺方面的成就，很为时人所重。三吴名士争相与之为友，黄道周在给皇帝的上疏中也有“志向高雅，博学多通，不如继儒”之语。虽然陈继儒二十九岁以隐士自居，却又周旋往来于官绅之间，但不入朋党之圈，他认为人有“好为清态而反浊者，好为富态而反贫者，好为文态而反俗者，好为高态而反卑者，好为淡态而反浓者，好为古态而反今者，不如混沌为佳”。可见陈公追求的是一种无所拘束、高远超脱的“难得糊涂”的自由人生境界。

陈继儒富藏书，喜好鉴别，然舛误颇多。他曾说：读未见书，如得良友；见已读书，如逢故人。喜抄校旧籍，因得颜鲁公书，乃名其藏书堂为“宝颜堂”，又有“玩仙庐”“来仪堂”等。此人还精于校雠之学，自称：凡得古书，校过即付抄，抄后复校，校过复刻，刻后复校，校过即印，印后再复校。万历中，所刻《宝颜堂秘籍》6集，收书229种，多掌故、琐言、艺术、谱录等，其中多罕见秘籍，保存了明及明以前的小说杂记。清乾隆年间，由于大兴文字狱，该书版被禁毁。又辑有《国朝名公诗选》，上自高启、王冕，下到李贽、屠隆等，每人之下，各附有小传。

陈继儒的才华久负盛名于天下，是晚明文人墨客的主要代表人物之一，所以对后世的文坛产生了不小的影响，被誉为“天壤一异人”。陈继儒平生编书甚多，如《太平清话》《安得长者言》《模世语》《狂夫之言》《眉公秘籍》《陈眉公全集》等一批作品，另外还有《妮古录》《偃曝谈余》《见闻录》等书，其中尤以《小窗幽记》最受时人喜爱。

陈继儒是一个山人，是一名隐士，也是一位学者，同时也是一个热衷世事的社会活动家。读者从这本《小窗幽记》中可窥其丰富精彩、深蕴内涵的一生。

《小窗幽记》是一部促人警醒、言短旨远的人生哲言小品集，内容涉及了修身、养性、经商、从政、处世等多方面的处世格言。作者以哲人式的冷峻目光，对当时糜烂庸俗的世风做出了辛辣且不失客观的抨击。这本书不仅从内容上辑录了晚明清言的精华，而且体现出晚明清言多重的理想和追求，加之其体例周备、取材广泛、结构工整、规模宏大、编排有序，所以在同类书中堪称凤毛麟角，故深受后人喜爱。

原版《小窗幽记》以乾隆三十五年刻本为底本，结合其他国学的著名文献，分为醒、情、峭、灵、素、景、韵、奇、绮、豪、法、倩十二卷，共计一千五百余则，是一部纂辑式的清言小品集。但后人所改编的《小窗幽记》，多从其前四卷醒、情、峭、灵中搜集整理而来，总结出具有代表性的二百一十四条人生的格言。安身立命的方法，文人志士的情操，超凡脱俗的禅趣，浪漫感人的爱情，都在此书中一览无余，所以说它又是一部颇具规模的清言汇编。另外，其语言具有玲珑剔透、短小精悍、发人深省、言近意远、益人神智等特点，或立言精深，使人百思方悟；或含蓄蕴藉，令人回味悠长；或情趣盎然，读来津津有味。总之，书中无一不闪烁着智慧的火花，故本书问世三百余年来经久不衰，足见作者文化底蕴的深厚。

若要细赏其内容，从“醒”篇来看：抒发的是豪情空有、壮志未酬的末世情怀，愤世嫉俗，奇谋妙策，只有寄托于文字之间；从“情”篇来看：则标举美人名花、青山绿水、秘书灵籍为安身立命之场，体现的是方外之致和隐逸幽趣；从“峭”篇来看：警示世人欲成就人生大业，必要有超凡脱俗的心态和志趣高雅的追求，同时也要有积极的入世精神和强烈的忧患意识；从“灵”篇来看：张扬一种淡泊名利的心态和出世的情怀，看透世间人情冷暖，寻求与大自然的山水为伴，享受无尽的生活。

陈继儒在集中写道：“昨日之非不可留，留之则根烬复萌，而尘情终累乎情趣。今日之事不可执，执之则渣滓未化，而理趣反转为欲根。”这充满睿智的格言，像一缕深邃的清远气息萦绕着后人。本书除了具有高远超脱的哲理性外，还富有飘逸隽永、极其缜密且有分量的理性思维，这理性的思维对于时常冒失冲动、浮躁的现代人来说，颇具现实的指导意义。书中所载多以常人难以想象的角度来描绘平实生活中的诸多细节，反映生活的常态，可以帮助我们领悟和享受生活。

品读一本充满智慧的集子，如同与作者对坐而谈，感知作者内在的精神形态，以及作者所创作的一个划时代的成果。作者在作品中所言的文字，是对人生的体会，是观世的真理。这种真理是以一个人所达到的巅峰状态来评定其价值的，而不是将他的巅峰和他的深谷持平来综合他的价值。

任何事物都有利与弊的两面性。这本集子可以在历史的长河里流传下来，是因其所言诉的思想有着深藏的文化底蕴。直到今天，这本集子仍有发人深省的作用。然而后世的人把这本集子再如何广为传诵，也不会再现作品最真实的原貌。因为时空业已转变，人们的价值观已经发生了很大的变化，而诠释者使用的是自己的理解和语气，接受者则又有着自身的理解背景，任何一种最细微的感性因素都能使原作者的本意衍生出更多的内涵。

由此看来，《小窗幽记》有着与现实多么矛盾的禀性，如一个有着斑驳历史的古董一般，岁月将它打磨成高清远致般的形象，亘古吟唱着乌托邦式的精神操守之曲，表象上虽有着流光溢彩的文明，偶尔也会被人触摸、擦拭，温文尔雅地品赏，甚至利用。但当人性最底层的私壑难填时，当纸醉金迷的花花世界迷离双眼时，当悲哀的心被湮没在尘世利欲熏心的皱褶里时，此书便如警醒之钟，净化心之杂尘，陶冶情操，永远将清灵脱俗之念藏于心中。

《小窗幽记》可以说是小品中的小品，体裁多变，如语录体、格言体，其中精妙绝伦的语言、道眼清澈的慧解、灵性四射的意趣，令人叹为观止，特别是其对人生的思索、处世的智慧在“热闹中下一冷语，冷淡中下一热语，人都受其炉锤而不觉”（沈德先《安得长者言跋》）。作者描绘的美好而富情趣的生活理想、极简朴而有趣的生活、知足的心态、淡泊的志趣、清高超俗的人格，为现代人寻回本真的自我，涤去心灵的积埃，超脱于尘世的喧嚣、烦扰，从而使其获得宁静、淡泊、洒脱的心境。

它也可以说是为人处世的智慧之果。无论才人经世，能人取世，晓人逢世，名人垂世，高人玩世，达人出世，皆以人生某个问题统领全卷。书中特以“醒”字为全集之首，其中自有其深意。醒发之于醉，因此当其“趋名者醉于朝，趋利者醉于野，豪者醉于声色车马”之时，“醒”字便不啻为一帖清凉散。“醒”又必与“悟”字相连，故而“悟”则为全书的主旨。

在当今，或许有些人更多地看重物质利益的追求，而忽略对自己身心健康的培植，所以精神显得极度匮乏，总是埋怨生活的无聊与苦涩。如果能在百忙之中抽出一些时间将此书静心阅览一番，可能会给生活带去一些欢乐与充实，让人领略美好生活的另一面。佛缘本是前生定，一笑相逢是故人。

我愿此书与君长相伴。当你翻开这一卷卷书页的时候，我已经看见你清纯亮丽的眸子里所闪动的喜悦了。现在，就让我们一起回归于我们心灵深处的本性、回归于纤尘不染的生命源头吧！

由于个人能力毕竟有限，评析中不当或错误之处在所难免，如遇不妥之处敬请方家给予一定的谅解，并不吝赐教。最后借此付梓之际，特向业已作古的训诫学家和传承中华古典文化精髓的译注者以及为本丛书指点迷津的出版社相关人士，谨致以最深挚的谢意。

目录

醒篇

情 篇

峭 篇

灵 篇

醒篇

食中山之酒，一醉千日。今之昏昏逐逐，无一日不醉。趋名者醉于朝，趋利者醉于野，豪者醉于声色车马。安得一服清凉散，人人解醒？

做人必清醒　做事要明白

※ 原文

食中山之酒，一醉千日。今之昏昏逐逐，无一日不醉。趋名者醉于朝，趋利者醉于野，豪者醉于声色车马。安得一服清凉散，人人解醒?

※ 译文

清醒的人饮了中山人狄希酿造的酒，可以一醉千日。今日世人情迷世务，追逐名利，没有一日不处于沉醉状态中的。好名的人迷醉于朝廷官位，好利的人醉心于世间财富，豪富的人则沉迷于声色车马。怎样才能获得一服清醒之剂，使人服下能够获得清醒呢？

※ 评析

传说晋朝有位名叫狄希的人，居住在中山，能酿造上等的好酒，人们饮了以后可醉千日不醒，可见此酒名副其实。然而这种酒虽能醉人千日，其醉却有两点可取之处：一是真醉，是饮酒所得的情趣；二是虽酒劲很大，千日后也会醒来。

今世之虚名浮利却令世人无一日清醒，不是沉迷于官场便是浮沉于商海，在这酩酊大醉之中有几人能忘却欲念？岂不知千古功名如尘土，满世金银不带去，赤条条入得世来，终将赤条条绝尘而去，虚名浮利百年后皆如浮土。可怜世间之人沉醉于追逐名利、享受荣华的生活中而难有清醒之时。所以作者在此大发感叹，从哪里能弄来一服清凉药，让这些为名利、声色而醉的人服后能醒来呢？其实答案就在本书中，当你读完了陈公的这本《小窗幽记》后，便会觉得神清气爽、心境明澈，因为这就是一服让人清醒的良药，品味过后必定会让我们受益匪浅。

守节声色场　安志纷闹中

※ 原文

淡泊之守，须从秾艳场中试来；镇定之操，还向纷纭境上勘过。

※ 译文

是否有淡泊宁静的志向，必须通过富贵奢华的场合才能检验出来；是否有镇静安定的节操，必须通过纷纷扰扰的环境才能验证出来。

※ 评析

孟子说：富贵不能淫，贫贱不能移，威武不能屈，是谓大丈夫。

在名利场中走过还能宠辱不惊，才是真正的淡泊心境；在纷杂变幻的是非中依然泰然自若，才是君子之德行。世上的人都知道淡泊两字的含义，但真正走入淡泊之境的却没有几人。倒是经常可见有些人为了鸡毛蒜皮的小事便大动干戈，枉费许多心机挑动矛盾四起，到头来却落得损人不利己的结果，何不自守淡泊之念，镇定自如？

淡泊名利的操守，镇定安闲的气节，需要我们在平常的德行中加以锻炼，并牢记在心底，不但在贫贱之时能保守住自己的尊严，更要在富贵时能经受得住声色的考验。面对世间五光十色的声色之乐，尘世间纷繁浓艳的名利诱惑，能够保持自己的一颗平常心，有一种毫不为之所动的意念，才算是真正的淡泊，才算是做到了洁身自好。

所以说：真正的淡泊在心不在身，只要心中无所挂念，则处处都可以找到清净与快乐。

人生得足　未老得闲

※ 原文

人生待足何时足，未老得闲始是闲。

※ 译文

人活在世上，等待着得到满足，什么时候才能真正满足呢？在未衰老时能得到清闲的心境，这才是真正的清闲。

※ 评析

生活是不会累人的，累的是我们自己的身心，确切地说是我们的欲望和贪恋太多，束缚了我们去享受生活的乐趣。世人总是在年轻时闷闷不乐，但到老时才知那是因为被名所累、为利所扰，不能自拔罢了。实际上富贵是没有止境的，贪婪的胃口是无法得到满足的。只有学会适可而止，适时放弃，才能知足常乐。

有的人生活富裕了，但却依然感受不到殷实的生活给自己带来的快乐，反而觉得压力倍增，甚至还不如以前清贫的日子过得轻松，原因就是心底的欲望越来越多，贪婪的胃口越来越大。而一个真正懂得知足常乐的人，放下了心中所有的尘情与牵挂，自然会生活平静。如果要想得到清闲的心境，及时放弃为物欲所驱使的生活就行，何必一定要等到白发之时才醒悟过来呢？

背后无人诋　久交不生厌

※ 原文

使人有面前之誉，不若使人无背后之毁；使人有乍交之欢，不若使人无久处之厌。

※ 译文

让人当面表扬自己，不如让别人不在背后诽谤诋毁自己；让人在初交之时就产生好感，不如让别人与自己长久相处而不厌烦。

※ 评析

正所谓“哪个人前不说人，哪个人后不被说”。每个人都喜欢听奉承话，其实让人当面夸奖自己并不是难事，难的是让人在背后不议论甚至诽谤自己。所以与其刻意去追求别人的奉承，倒不如时时处处修养德行，严于律己，多行善事，这样不仅不会给别人背后议论我们的机会，相反还会得来诸多真心的赞誉之声。

与人初见面时刻意的迎合，日久必生厌倦，为人当光明，处世须磊落。要像君子之交淡如水，岂能如狐朋狗友般相互利用呢？个人功过是非自有天地明鉴，岂是自吹自擂就能遂心所愿的？生活中很多人都是这样，与人交往时刻意修饰自己一番，想使自己的穿着打扮、言谈举止给对方留下一个美好的印象，结果在熟悉之后，便放松了对自己的约束，将平日的许多丑陋习惯暴露给了朋友，如此时间长了必定会招来对方的厌恶。所以说给对方一个外表华丽、但却内心空虚的自我，还不如保持镇定从容的心态，既不过于奉承，也不刻意做作，做个原原本本的自我，这才是真正的君子之风。

天意实难违　正心修我身

※ 原文

天薄我福，吾厚吾德以迓之；天劳我形，吾逸吾心以补之；天厄我遇，吾亨吾道以通之。

※ 译文

命运使我的福分浅薄，我便加强我的德行来面对它；命运使我的身体劳累，我便放松自己的心情来弥补它；命运使我的人生遭遇困境，我便提高我的道德修养来通达它。

※ 评析

命运把握在我们每个人的手中，无论上天如何对待我们，只要心中明白自己是命运之主，我们便可战胜一切困难。虽然人生不平等，但对于命运的追求却是平等的。虽然上天没有为我们提供良好的外部环境，但也不必怨天尤人，因为我们可以通过后天的努力去弥补，去自己拯救自己，而不应该埋怨老天的不公，让大好时光白白浪费掉。

福分薄虽然说明了外在的物质环境不丰厚，或者生命的外缘有缺憾，但我们可以通过深厚的心灵修养安然自适，将一切烦恼驱出脑际。有时命运会使我们的形体十分劳苦，但它无法阻拦我们的心灵去享受快乐的境界。

人的际遇无常，困厄在所难免，此时更不可灰心丧志，不如充实自己的学问，扩充自己的心胸和道德。困厄的产生，多是自己能力不够的缘故，若能胸怀大志，必能以一种坚强的意志将困厄扫除，即使摆脱不了当前的困境，至少我们的内心也不会因此而沮丧。

君子小人　五更检点

※ 原文

要知自家是君子小人，只须五更头检点思想的是甚么便得。

※ 译文

要想知道自己是有道德的正人君子，还是品德低下的小人，只要在五更天时自我反省一下，检查一下头脑中想的是什么，就可得出明确的结论。

※ 评析

由人及己，时常反省自我，是正人君子修身养性的好习惯。深夜五更时，夜深人静，万籁俱寂，经过一夜饱睡，此时思路已经十分清晰。一个勤奋的人经过一夜的睡眠，开始思索的是今天能为社会再做些什么，怎样去帮助他人；而一个品德卑劣的小人，也许正在盘算着如何去算计他人，满足自己的欲望。所以说通过一个人此时的所想所思便能准确地检验他的品行是好是坏、道德是高是低。

观察一个人品德的好坏、能力的大小，重在把握恰当的时机。有些人在公共场合故意装出和颜悦色的样子，通过一些好的言谈举止来博得他人的赞扬，以求留个好印象，但在暗地中却做些损人利己的勾当，把自己的人格抛到一旁不顾，这样的人不过是伪君子而已。有些人做事前爱夸夸其谈，一副胸有成竹的样子，但真正做起事来却大相径庭。这种外美内空的人不在少数，需要我们擦亮眼睛去辨别真伪。

善恶一念　役使鬼神

※ 原文

一念之善，吉神随之；一念之恶，厉鬼随之。知此可以役使鬼神。

※ 译文

心中有了行善的念头，就可以获得降福的吉神保佑；心中有了作恶的念头，就会招来为祸的恶鬼。明白了这一点便可以差使鬼神了。

※ 评析

事情的成败得失往往仅在一念之差，正所谓一着不慎，满盘皆输。行善与作恶也是如此。在善恶的岔路口，多往前走一步就可能身败名裂，后退一步就能万事大吉，所以我们在平日生活中不得不谨慎行事，以免铸成大错。

善有善报，恶有恶报。心怀善念的人，其行为处世总是从有利于人的愿望出发，就连神灵也会暗中相助，使其事事能够成功；心怀恶念的人，对世界充满敌意，到处行不义之事，结果不但害人，还会害己，就好像有恶鬼跟随着一样。明白了善恶之理，就不用担心厉鬼害人而总能使吉神附己，那还有什么鬼神不能驱使呢？

用情深处孤独　任性切勿放肆

※ 原文

情最难久，故多情人必至寡情；性自有常，故任性人终不失性。

※ 译文

情爱是最难长久保持的，所以感情丰富的人有时会显得缺少情意；天性运行本有其自身的规律，所以率性而为的人是不会丢失其本性的。

※ 评析

水满则溢，月圆则缺。万事都有其恒定的规律，当事物发展到极限时，便会向相反的方向转变。在感情和天性上也是如此，情至深则转化为无情，性至极则终不失本性。

“情到深处情转薄”，是因为情太苦，而且情爱很难长久。如果执着地追求情，那就更苦不堪言了。情是一种难以捉摸的思念，控制这种心头的思念又是很困难的，再加上人的生命本来短暂，环境又变化无常，所以能从情爱之中得到短暂欢乐的人毕竟是少数，而那些多情之人在备尝爱情的捉弄后，多半也远离情感，变得薄情寡义了。情爱难以持久，是因为情到深处人孤独，多情者反被情所误，情至极而不得呼应，所以便显得寡情难抑，寂寞难耐。情至执着，必然为情所困，因为孤独的灵魂四处飘荡，找不到心灵的归宿，所以真正的多情应是能得到对方的回报，才显得有情有义，才能够地久天长。

天性同样也是遵循一定的常理，所以任性而为的人，任性便成了他们的天性，时间长了就成为一种本性。就如有的人很任性，但并不代表他放肆，这只是一种率真本性的体现。人性在未受外界诱惑之前，原是天真淳朴、自由快乐的。然而，由于种种物欲名利的牵连，我们的眼睛很容易受到蒙蔽。但这种天性并未失去，在人摆脱物累、忘却尘劳时，它又会重见天日。

云烟影里见真身　禽鸟声中闻自性

※ 原文

云烟影里见真身，始悟形骸为桎梏；禽鸟声中闻自性，方知情识是戈矛。

※ 译文

在缥缈的云影烟雾中显现出真正的自我，才明白肉身原来是拘束人的东西；在鸟鸣声中听见了自然的本性，才知道感情和见识原来是攻击人的戈矛。

※ 评析

“菩提本无树，明镜亦非台，本来无一物，何处惹尘埃。”看到云影烟雾，悟见肉身也如云烟一般易逝，明白生命实在不应为肉身所缚。人生只有如云烟般随心所欲，自由自在，才能真正体会到生命的本意。

业精于勤，而荒于嬉。我们之所以感到生活疲惫、空虚乏味，原因就是我们的心灵沉寂在荒凉的沙漠中，得不到一点水分的滋润。如果我们想让心灵快乐地感悟到生活的情趣，就要在平常的日子里找些自己分内的事做，而不是毫无作为地让时光匆匆溜走。唯有如此，我们才会摆脱尘世间爱恨情仇的拖累，让自己变得活泼开朗、乐观豁达。

空闲时到郊外走走，听鸟儿歌唱，看花开花谢，你必定会从大自然中得到诸多的领悟。知道了寂静衬托声音的美好，明白了人的本性应该清纯，而不该有种种爱憎之情。

空被空迷　静为静缚

※ 原文

谈空反被空迷，耽静多为静缚。

※ 译文

谈论空虚之道的人却常常被空虚所迷惑；沉溺静境中的人却反而被静境所束缚。

※ 评析

空是空寂之道，是让人们知道万事万物本无永恒的道理，一切终将消散，教人们不要执迷于万物之中，使身心不得自在。然而有人却谈空而又恋空，对空执着而不放弃，结果往往被空寂所迷惑。实际上是空的念头没有除去，仍是心有牵挂，放不下杂念。

静是沉寂静境。教人清净不是要躲到安静的地方，远离尘世喧嚣而不想不听、不管不顾其他一切事情，如果真是这样就又要被静所困了。因为真正的静不在外界环境中，不需要我们极力外求，而是在我们的心里，只有内心清净，保持静的心境，处闹市而心不乱，才是真正做到了静而不受束缚。

适时可发　拔苗不长

※ 原文

伏久者，飞必高；开先者，谢独早。

※ 译文

藏伏很久的事物，一旦腾飞则必定飞得高远；太早开放的事物，往往生命很短暂。

※ 评析

勾践卧薪尝胆数载终灭吴，姜尚水边垂钓多年任丞相。可见事物先要蓄势，而后才可待发。蓄久必高飞，因为蕴藏深厚，积蓄了充足的力量，爆发而出，则势必惊天动地，这就是不鸣则已，一鸣惊人。所以说不经过长久的潜伏蓄积，又何来高飞的力量呢？不经过冬天的孕育，又何来春天的万物复苏呢？

“开先者，谢独早”，也是很合理的，因为太早开发，各方面无法配合，自然很快就因竭尽力量而凋萎。有的因为太早开发，不到中年便都成了平庸的人。倒是那些年轻时默默无闻的人，在岁月中不断储备实力，而终于成了大器。生命的经验和宝藏的开发也是如此，就像一罐酒一样，愈陈愈香，要让它在岁月中酝酿、成熟，才会是一罐好酒。

这则话语给我们的启示是：看待事物应该用辩证的思想去分析，因为事物是处于不断发展变化中的，先开发的事物，随着环境的发展变化，必定失去存在的条件，就如同昙花一现似的。长江后浪推前浪，一代新人换旧人。后来者常居上，是自然的法则。如遇优胜劣汰的时代，我们一定要不断充实自我，才能适应社会发展的潮流。正如有些人厚积薄发，大器晚成，往往能脱颖而出，取得令人羡慕的成绩。

若要会受福　必先会救祸

※ 原文

天欲祸人，必先以微福骄之，要看他会受；天欲福人，必先以微祸儆之，要看他会救。

※ 译文

上天要降灾祸给一个人，必先给他一些福分来滋长他的傲慢之心，从而看他是否懂得享受；上天要降福给一个人，必先给他一些挫折来考验其志向，从而看他是否有自救的本领。

※ 评析

上天是公平的，它让城市喧闹，却让乡村安宁；它让名花香飘万里，让野草百折不挠；它让明月辉映大地，也让繁星点缀天空。所以天道的变化总是祸福相依的。祸事降临不必惊慌，自救之后得来的便是幸福；得到福分不必得意，如果不知珍惜灾难便会到来。人虽然不会永远一帆风顺，但也不会一辈子在逆境中行走。失意与得意总是交相而来的，有福时要居安思危，有祸时要学会摆脱厄运。就像老子所说：“祸兮福之所倚，福兮祸之所伏。”不必太在意一时的成败得失。只要我们明白了世事无常的道理，懂得了随缘而定，随遇而安，就能够寻找到生活的快乐所在。

欲降福而先降祸，是上天的善意。不明祸何能降福？一旦福去祸来，又岂能消受得了？先以微祸儆之，若能救助，即使是不日祸来，也能如此救助。通达事理之人处祸不忧，居福不骄，知福祸在于自己的掌握，天虽有不测风云，但人总能有自救的机会，所以心便可常保安静自然。

多欲无慷慨　多言无笃实

※ 原文

多躁者，必无沉潜之识；多畏者，必无卓越之见；多欲者，必无慷慨之节；多言者，必无笃实之心；多勇者，必无文学之雅。

※ 译文

浮躁的人，必定对事物没有深刻的见识；胆怯的人，必定对事物没有卓越的见解；欲望太多的人，必定没有正直激昂的气节；话多的人，必定没有扎实勤奋的作风；多蛮力的人，必定缺少文学的修养。

※ 评析

做任何事情都要有良好的基础，就如同建楼房要打好地基，做教师一定要有相关学科的渊博知识一样。如果没有扎实的基础，建起的房屋就会是空中楼阁，当老师也不可能做得合格称职。一个人做事若是浮躁气盛或者是缩手缩脚的话，就会影响他对学问的深刻研究和对事物的正确判断，要想有真知灼见是很困难的。

一个人如果欲望太多，说话不分轻重，经常海阔天空地胡言乱语，就难以有正直激昂的斗志、沉稳踏实的作风，做事可能会主次不分，甚至舍本逐末。而勇力过人的鲁莽之士，多是有勇无谋之人，做事草率鲁莽，缺少成熟的思考和全面的分析，这样的人多由于内心修养不足所致，因此他们也很难拥有文人骚客的雅兴和志趣。

世间万物皆有度　无度胜事亦苦海

※ 原文

山栖是胜事，稍一萦恋，则亦市朝；书画赏鉴是雅事，稍一贪痴，则亦商贾；诗酒是乐事，稍一徇人，则亦地狱；好客是豁达事，稍一为俗子所挠，则亦苦海。

※ 译文

居住于山林本是很快意的事，如对山居生活起了贪恋，那也与俗世一样了；欣赏书画是高雅的事，如果有了贪恋之心，也就与商人一样了；饮酒赋诗本是很快乐的事情，如果屈从他人的意志，那就如在地狱中一样难受；好客是宽容大度的事，但若被那些粗俗的人搅扰，也就好似陷入了苦海。

※ 评析

做任何事情都要把握好火候，做不到位，固然达不到预期的效果；但要是做过了头，也可能会有事与愿违的后果。比如：管教儿女，既不能纵容维护，但也不能要求过于严格苛刻；面对钱财，应该取之有道、用之有度，既不可肆意挥霍，也不可小气吝啬。如果为人处世过了“度”，就会发生质的变化，甚至走向事物的反面。

山居的本意是要远尘嚣。如果对山林起了爱恋之心，那就有违本意了。作诗饮酒，要起之于兴，发之于情，如果既没有兴致，又没有情趣的话，那为什么饮酒呢？如果借酒消愁，那岂不是愁更愁了？好客也应有度，如果在一起杯酒人生，喝个烂醉如泥，那也真够让人头痛的了。所以寻乐不能起贪心，不能落于俗套，否则又哪里谈得上雅事呢？

爱好丰富多彩的生活，享受生活中各种各样的乐趣，本是人生的雅事。山中观日出日落，吟诗作画，谈古论今，这都是大雅之趣，但如一味痴迷，也就失去了享受这些情趣的本性，高雅也就变成了庸俗，继而便是桎梏。

轻财以聚人　律己以服人

※ 原文

轻财足以聚人，律己足以服人；量宽足以得人，身先足以率人。

※ 译文

不看重钱财，便可以将众人聚集在自己身边；严格要求自己就能使人信服；气量宏大便可得到他人的帮助；凡事身先士卒，就能成为他人的榜样。

※ 评析

为人处世之道贵在做到重义轻财，对自己严格要求，而对他人宽宏大量，做事带头身体力行，这都是具有高尚道德情操的君子之风。如果视钱如命，将利益全部捞入自己的腰包，他人得不到一点好处，自然就会众叛亲离。能够自我约束，严于律己，宽以待人，有宰相肚里能撑船的气量，就会使人信服，受到他人的尊重，也容易得到他人的帮助。

做事率先垂范，为众人做出表率，那么又何愁众人不与自己齐心协力，将事情办成呢？所以说事情成功与否的关键还是掌握在我们自己手中，主要是看我们有没有能力集众人之力把它做好。

知迷不迷　知难不难

※ 原文

从极迷处识迷，则到处醒；将难放怀一放，则万境宽。

※ 译文

在最容易使人迷惑的地方识破迷惑，那么在其他任何地方都会保持清醒的头脑；能把最难放下的事搁置一旁，那么心境就永远会平静豁达。

※ 评析

迷失方向的人能够顿然看破迷惘，找到走出黑暗的道路，就等于在最困难的时刻渡过了难关，那么以后人生之路上的其他磨难还有什么好可怕的呢？如果能在最迷惑处豁然开朗，必定会有“山重水复疑无路，柳暗花明又一村”的欣喜之感，那么其他难题也便会迎刃而解。因为有了破解之法，即使以后再有迷惑，也能保持清醒的头脑，静心破迷而不慌乱。

心中放不下，可从最难处入手，将种种名利之心弃之一旁，才能让心荡漾在碧波万顷的大海上。所以说只有抛却了功名利禄的诱惑和束缚，我们的心境才会变得宽阔自然，才会一心了无牵挂，逍遥自在地生活于天地间。

难事逆境中　方见真气度

※ 原文

大事难事看担当，逆境顺境看襟度，临喜临怒看涵养，群行群止看识见。

※ 译文

遇到大事和难事的时候，可以看出一个人担负责任的能力；处于逆境或顺境的时候，可以看出一个人的胸襟和气度；碰到喜怒哀乐之事的时候，可以看出一个人的涵养；在与人相处的言谈举止中，可以看出一个人对事物的见解和认识。

※ 评析

路遥知马力，日久见人心。观察一个人很难，但也并不是完全没有了解对方的机会，只要我们善于从不同的角度考察，就能得出其应对不同情况的态度，以及处理事务的各种能力。有人面对自己肩负的大事或难以解决的事情时，总是采取寻找借口推卸责任或逃避的态度，如此的懦弱之辈又岂能担当天下重任？而那些勇于担当责任的志士，在关键时刻便挺身而出，肩负起重任。唯有如此，才是具有高深修养和品性的人。无论是顺境还是逆境，他们都有着博大的胸怀和气魄，显示出“我自横刀向天笑，去留肝胆两昆仑”的英雄气度。

一个人的情绪受环境的影响容易产生变化，所以也常给事情的成功带来一些意想不到的影响，而只有那些喜怒不流露于表面的人，才能冷静而准确地对事物做出判断，因为他们不落世俗，具有远见卓识的目光，所以分析问题更能从长远利益打算。

良心静里见　真情淡中来

※ 原文

良心在夜气清明之候，真情在箪食豆羹之间。故以我索人，不如使人自反；以我攻人，不如使人自露。

※ 译文

在深夜清凉宁静的环境下，才容易看出一个人是否拥有善良正直的本心，但真实的感情却在简单的饮食中表露。所以与其以自己的标准要求他人改正，不如让自我反省；与其以自己的好恶去抨击他人，不如让他自行暴露其过错。

※ 评析

在合适的时机，真情就会表露出来。就好像我们在患难中才认识到谁是真正的朋友一样。夜深人静之时，正是万物收敛的时候，人的心灵容易流露出自己最真实的一面，所以此时正是我们观察一个人善良与否的最佳时刻。在平淡的生活中，也能反映出一个人真实的生活态度，所以以静待动是促人自省的好方法。

通过自己的行为不断去要求他人，不但自己疲劳，也许还令人生厌，倒不如让其通过自我反省，主动改正自己的错误更有效。别人若有弱点，不要急于给予指责批评，以免让对方感到没有面子，挫伤其自尊心，不如让他主动坦白暴露，使其在内心深处得到深刻认识，而后自行改正，可能对其帮助更大。

宁为随世之庸　勿为欺世之杰

※ 原文

宁为随世之庸愚，勿为欺世之豪杰。

※ 译文

宁可做一个顺应世事而平庸愚笨的人，也不做一个以欺世盗名而出人头地的英雄豪杰。

※ 评析

活要活得有价值，死要死得其所。就如保尔所说：我把整个生命和全部精力，都贡献给了世界上最壮丽的事业—为人类的解放而斗争，这就是活的价值。文天祥的“人生自古谁无死，留取丹心照汗青”就是死得其所。人生轰轰烈烈一场，方可流芳百世，才算有大丈夫的气概。

尘世间的平凡与伟大是没有绝对的分界线的。能够成为杰出的人才，留下惊天动地的伟业当然伟大；如果一辈子老老实实地做人，勤勤恳恳地做事，也是很伟大的。因为平凡也有平凡的价值，平凡中也有伟大之处，而安于平凡正是大多数人的生活方式。相反，如果心术不正，为非作歹，纵有名声，也只能是遗臭万年之名，遭人唾弃与鄙视。

习忙可销福　得谤可销名

※ 原文

清福，上帝所吝，而习忙可以销福；清名，上帝所忌，而得谤可以销名。

※ 译文

安逸清闲的福分是上帝给予的，如果习惯于忙碌便可以消减所谓的不吉福分；清雅的名声是上帝所忌讳的，如果受到他人的诽谤，则可以减损这种不吉的名声。

※ 评析

人人都希望享受清闲安逸的生活，以求活得轻松愉快，但在实际生活中，清闲安逸并不是我们想得就能得到的，也并不是我们每个人都能消受得了的。清闲的环境，容易消磨人的意志，使人手足懈怠，脑力退化，从而失去生命的活力，前进的动力，人生的追求，生命也就会走向尽头。看我们身边那些忙碌一生的老人，是从来也闲不住自己的手脚的，一旦离开他们辛苦劳作的地方，他们就会很快衰老下去。而在忙碌的生活中，精神才会有寄托，人们才觉得活得充实，活得坦然。

美好的名声，也不是人人都能承受得了的，得到名声又往往为名声所累，这也是司空见惯的事。名声太大，会招来祸害，上帝吝惜名声，不愿随便给予；遭到谤毁未必不是一件好事，可以避免被人嫉妒，得以保全自己。

人因嗜动气　当以德消之

※ 原文

人之嗜名节，嗜文草，嗜游侠，如好酒然，易动客气，当以德消之。

※ 译文

人们爱好声名节操，爱好文章辞藻，爱好行侠仗义，就像爱好美酒一样，容易冲动而为所欲为，所以应该用道德涵养来抑制这些冲动。

※ 评析

合适的爱好是人生的乐趣，如果爱好成癖，又容易一时兴起，那么就应该加强道德修养予以节制了。看重自己的名节，爱好华美的词章，甚至愿做游侠之士，本来都无可厚非。如果为了名节去拼命，为了几句文章辞藻而动怒，甚至借豪侠之气而触犯律条，那就如醉酒不知节制一样，是性格中的弱点，最终会带来灾祸。

生活中的我们对待自己的爱好一定要保持克制的情绪，千万不可任其肆意发展。有爱好是好的，但如果使爱好达到了痴迷的地步，就像现在的孩子迷恋上网络游戏一样，置自己的学业、事业、家庭于不顾，那就会出问题。还有的人凭着自己的一技之长卖弄自我，甚至行些不义之事，那结果只能自讨苦吃。

相反可相成　相得必益彰

※ 原文

好丑心太明，则物不契；贤愚心太明，则人不亲。须是内精明而外浑厚，使好丑两得其平，贤愚共受其益，才是生成的德量。

※ 译文

将美与丑分别得太清楚，那么就无法与事物相互契合；将贤与愚区分得太明确，那么就无法与人相亲近。内心要明白善美与缺失，而为人处世却要仁慈厚道，使美丑两方都能平和，贤愚双方都能从中受益，这才是上天培育人们品德与气量的目的。

※ 评析

物极必反。任何事物都不是绝对的，过于绝对就会扭曲事物的本来面目。美和丑是相对的概念，如果对于美与丑太过挑剔，那么就失去了准确鉴别事物的尺度与能力；如果太过于追求完美，那么世上也没有事物能让我们满意了。过犹不及说的就是这个道理。

金无足赤，人无完人。因为美丑没有一定的标准，所以要根据个人的喜好而定。孔子教人不分愚贤不肖，倘若只接受贤者，而摒弃愚者，岂不是使贤者愈贤而愚者愈愚了吗？普天之下又有几人能成为他人眼中的贤者？尚贤弃愚，难怪要与大多数人不亲了。

与人相交也要注意把握分寸。如果要求过于苛求，就难以使人与自己亲近，难以结交真正的朋友。所以为人处世之道，最好是遵循传统哲学所倡导的外圆内方，内心对人对事精明而不含糊，外在处世却要大度宽容，朴实浑厚，大巧若拙，大智若愚，使贤明和愚笨的人都能从我们身上有所收获，这才是上天期望看到我们应有的品质。

处世应当心中明白而外表浑厚。所谓心中明白，就是知道人事的缺失；外表浑厚，就是悉数接纳，使贤而骄者谦之，愚而卑者明之，各获其利。就像阳光之化育万物，既照园中牡丹，也照原野小草，使两者皆欣欣向荣，这才是上天的好生之德。

梦里不能主张　泉下安得分明

※ 原文

眉睫才交，梦里便不能主张；眼光落地，泉下又安得分明？

※ 译文

当人闭上双眼进入梦境后，就不能自作主张了；一旦生命终结，眼神无光，在九泉之下怎么能够明白呢？

※ 评析

白日里，人们为了名利而奔波劳碌，或你争我夺，或玩弄阴谋，总是千方百计去实现自己的许多妄想。可是一到夜间，闭上眼睛进入梦乡之后，头脑便失去了思维，各种意念随之进入梦中去幻想了。梦中的人忘记了清醒时的事，变得身不由己，也许自己的亲人在梦中也素不相识，白日的故事在梦中大相径庭。到底梦中是真实的我，还是清醒时是真实的我，难以说得明白。

梦中既然难以控制自己的主张，死亡时，哪里又放得下心中的迷幻呢？临死之时放下一切妄念，做到一了百了，才可以在死亡时彻底释怀。

不知了了是了了　若知了了便不了

※ 原文

佛只是个了，仙也是个了，圣人了了不知了，不知了了是了了，若知了了便不了。

※ 译文

佛只是个透彻明悟，仙其实也是个透彻明悟，圣人明明白白却不知道透彻明悟，不知道透彻明悟就是明明白白，如果透彻明悟就不会明明白白了。

※ 评析

人之所以痛苦，在于错误地追求太多东西。那些自以为聪明的人，不知道整天被尘世的烦恼和欲望所束缚，放不下心中的杂念，还期盼着很多事情来临，来临了又生出更多的非分之想，得不到的东西不断地期盼，能得到的东西也是念念不忘，结果使得烦恼丛生。即使事情已过，心中仍放心不下，如此庸人自扰，岂不是无端地增添了心灵的压力与忧烦？

其实，如果你不给自己烦恼，别人也永远不可能给你烦恼，原因就是我们的内心放不下。尘世的功名难以摆脱，有些人就躲入山野，希望与世隔绝，以为这样便可过着无忧无虑的生活。殊不知，这是以为尘缘了了，其实未了，因为心中仍有欲念未放下。要做到真正的了却，只有连放下的念头也排除掉，生于世间才可超出物外。

敞开心扉　欢乐无忧

※ 原文

剖去胸中荆棘，以便人我往来，是天下第一快活世界。

※ 译文

去除胸中容易伤害他人与自己的棘刺，才能更好地与人交往，这便是天下最快乐的事了。

※ 评析

荆棘多刺，谁都不想接近，留在胸中挡住交往之门，既会伤人，也会伤己。俗话说“待人以诚”，与人相交贵在坦诚相待，直率地表露自己的胸怀，才能赢得对方的理解与信任。有什么得意处不妨公开与人交流。有什么不快乐的事，也不妨说给他人听听，而不是闷在心里独自承受。只有打开心扉与人坦诚相谈，别人才会以诚心回报。唯有如此，人与人之间才容易沟通与交流，友谊、欢笑才会常驻心间，这是多么快乐的事呀！

生活中性格内向的人多是不善言笑的，他们遇到困难或是心有烦恼时，总是闷在心里不愿向他人讲述，如此一来，只能使自己的压力越来越大，烦恼越来越多。话是开心锁，也是顺气丸，当把自己的不快倾诉给知心人后，才会觉得身心轻松舒畅。

居堪傍恶邻　聚可容损友

※ 原文

居不必无恶邻，会不必无损友，惟在自持者两得之。

※ 译文

居家不一定非要避开坏邻居，聚会也不一定要避开不好的朋友，能够自我把握的人也能够从恶邻和坏朋友中汲取有益的东西。

※ 评析

我们不但要善于总结成功的经验，也要善于吸取失败的教训。那些恶邻损友可以被我们视为反面的教员，只要我们在保持心性不变的前提下，就可以从他们的恶习中反省自身，让自己获得更好的启迪。

世人总是认为近朱者赤，近墨者黑，于是希望选择好的邻居，选择好的朋友，但是能够真正自我把握的人是不惧怕恶邻和损友的。即使生活在污浊的环境中，一样可以保持自己清白的本性，与外界不好的环境做比较，人才会做事更加小心谨慎。如果有一个坏邻居和品德不好的朋友，正可以考验自己的修为和定力，同时还可以自己的言行去感化对方。

观人观事见本质　不可小测君子心

※ 原文

淡泊之士，必为秾艳者所疑；检饬之人，必为放肆者所忌。事穷势蹙之人，当原其初心；功成行满之士，要观其末路。

※ 译文

清静淡泊名利的人，必定会受到豪华奢侈之辈的猜疑；谨慎而检点行为的人，必定被言行放荡不羁的人所忌恨。面对一个到了穷途末路的人，应当回头看他当初的心志怎么样；对一个功成名就的人，要看他以后是否能继续走下去。

※ 评析

过惯豪华奢侈生活的人，并不相信有人能过淡泊的生活，认为甘于淡泊不过是沽名钓誉，并非出于本心。吃惯肉的人决不知菜根的香甜，所以他们不免要加以怀疑。行为放肆的人，常要忌恨那些言行谨慎的人，因为这些人使他不能自在，使得他的放肆有了对照，而令别人反感。事实上，检饬的人不过是在自我约束，而放肆的人则不能忍受自己的放肆，所以才忌恨谨慎的人。

为人处世，有时不但要看其结果，还要看其动机，如果一个人有着正直之心和追求事业成功的信念，即使他遇到挫折与失败，也必然还会有成功之时。判定一个人是否能成为成功者，要观察他能否保持住自己的正确方向，坚持不懈地继续前进，因为只有做到善始善终的人，才是成就大事的人。

一个人会走到穷途末路，又想找回他最初的用心，但为时已晚。有许多原本成功的人，后来失败了，就是在成功之后用心有了转变，或是最初用心时便已埋下失败的种子。一件事情的历久不衰与一个人的发达，无非是行其可行而不倒行逆施，加上长久的努力不懈。若是最初心意便不正确，或是成功后改变原有的精勤，那么，即使一时成功，也无法持久，终将走到事穷势蹙的地步。得意不可忘形，上到峰顶还要顺路下至山谷，才不至于被困在山顶，跌得鼻青脸肿。

以理听言　以道室欲

※ 原文

以理听言，则中有主；以道室欲，则心自清。

※ 译文

以理智的态度来听取各方面的意见，那么心中就会有正确的主张；用品德修养来约束心中的欲望，那么心境就自然清明。

※ 评析

世上有很多人善于利用花言巧语来欺骗别人，如果我们不用理智思考，而仅仅听信言辞，往往会判断失误，上了这些小人的当。只有将听到的言语通过自己的思考来判断正误，才会辨别真伪。有时候，人的言语受感情的影响较多，由于情绪的波动，言语会距客观事物相差很远，偏听偏信便会使自己失去主张，只有全面分析判断，才不至于乱了方寸，才不会显得手足无措。

人的欲望太多，如果任其发展就会让我们泯灭良心，走上邪路，所以我们必须严格约束自己，不要随意姑息迁就心中的欲望。如果贪婪地放纵欲望发展，这对于自身和社会都是有百害而无一利的。只有正确判断合理的欲求，得到合理的满足，才会保持心清脑明，做个正人君子。

先远后近　交友道也

※ 原文

先淡后浓，先疏后亲，先远后近，交友道也。

※ 译文

先淡薄而后浓厚，先疏远而后亲近，先接触而后相知，这才是交朋友的方法。

※ 评析

做任何事情都要善于总结经验与方法，如果一味地蛮干，必定会走许多弯路，事倍功半。交朋友同样也是有方法的。交友并非一件容易的事，选择得当，则可受益匪浅；交友不当，则祸害非浅，所以我们要掌握交友的正确方法。一般是先有初步的了解，而后在了解的基础上才可以进一步地接触，在接触中加深感情，心灵和志趣逐渐接近，最后走到一起而相知。

如果刚开始与陌生人交往，只从对方的表面来判断好坏，不做深入了解，短时间便打得火热，那所交的朋友很可能多是鸡鸣狗盗之士，并非真正的知己好友。所以“先择而后交”就会交到好朋友，“先交而后择”只会造成更多的仇隙。

形骸非亲　大地亦幻

※ 原文

形骸非亲，何况形骸外之长物；大地亦幻，何况大地内之微尘。

※ 译文

连自己的身体四肢都不属于亲近之物，更何况那些属于身外的声色财利呢？天地山川也只是一种幻影，更不用说生活在天地间如尘埃的芸芸众生了！

※ 评析

让自己的本性在净秽之间徘徊、生死之间轮回，又怎能寻找到快乐的清净之地呢？人们往往摆脱不了物欲的束缚，心系身外之物不能自拔。贪得无厌的欲求，只会使人走向极端。心无牵挂，才可不受束缚而怡然自得，获得一身轻松。人的生活离不开物质，但是，物质的需要也是有限的。按照佛家的说法，人的肉身也是幻而不实的东西，形骸身体都不是亲近之物，既然如此，何况人们生不带来、死不带去的身外之物呢？

身体形骸如此，大地也是沧海桑田，昔日山川变成了今天的大海，古代的大海，也许是今天的高山。既然大地都如此变幻，无法把握，那么生活在大地上的芸芸众生，当然也犹如微尘一样显得渺小，既然如此，那么何不眼界更开阔一些，何必去斤斤计较那些细枝末节呢？

寂而常惺　惺而常寂

※ 原文

寂而常惺，寂寂之境不扰；惺而常寂，惺惺之念不驰。

※ 译文

寂静时要保持清醒，但不要扰乱寂静的心境；在清醒时要保持寂静，但心念不要驰骋过远而收束不住。

※ 评析

处世也要讲究哲学。人生在世，有时要清醒，清醒就是知道事情的轻重得失，把握得住事物发展的方向，该争取时要百倍努力，该放弃时也要舍得松手；有时要装糊涂，糊涂就是善于藏巧露拙，有大度有气量，不为小事左右，所以说糊涂有时也是一种格调，它是一条从本质上检视自我、重塑新生、改善人际关系的捷径，也是一条磨砺心志，使自己更快走向成功的必由之路。

清醒并不是要我们自作聪明，处处觉得高人一等，而是要善于观察世事的变化，且不可太沉迷于世事，干扰寂静之心；糊涂也并不是要我们无所事事，每天得过且过地过日子，而是说对无关紧要的小事不必耿耿于怀，可以一笔带过，但面对大事我们切不可敷衍了事。

智少愈完　智多愈散

※ 原文

童子智少，愈少而愈完；成人智多，愈多而愈散。

※ 译文

孩子接受的知识很少，但他们的天性却越趋于完整；成人接受的知识丰富，但他们的思维却越分散杂乱。

※ 评析

一个人得到的越多，并不意味着他越富有，越轻松，没准儿反受其累，成为一种生活的负担。随着人慢慢长大，儿童时代的天性便受到外界环境的破坏，使得内心和外在不能统一，开始变得圆滑世故，所以成人有时真该向儿童学习，感受一下他们单纯的天性。

尺有所短，寸有所长。孩童虽然知识少，但感情单纯，天性中充满了天真烂漫的情趣，所以他们大多显得活泼可爱，无拘无束，所以更能体现生命的向上与美好。有些孩童常常提出一些能令成人受到启发的问题，就是这个道理。而成人的知识丰富，智能也很多，却成天疲惫地奔波劳碌，做事还要考虑周到，以免出现不必要的差错，故受的束缚也很多。所以知识愈多，天性就变得愈迷乱。

从多入少　从有入无

※ 原文

无事便思有闲杂念头否，有事便思有粗浮意气否。得意便思有骄矜辞色否，失意便思有怨望情怀否。时时检点得到，从多入少，从有入无，才是学问的真消息。

※ 译文

闲暇无事的时候要反省自己是否有一些杂乱的念头，忙碌的时候要思考自己是否有心浮气躁的习气，得意的时候反省自己的言谈举止是否骄慢，失意的时候要反省自己是否有怨恨不满的想法。只有时时自我检查到位，使不良的习气由多而少，由有到无，这才是求取学问的关键。

※ 评析

无事可做时不产生懈怠之心，有事可做时就脚踏实地，不存浮躁之气；得意时不忘形，失意时不气馁。检点自己产生不良习惯的各个源头，以求防微杜渐，把杂念消灭在萌芽状态。人在无事时，容易产生很多轻浮杂乱的念头；在忙碌时，又容易因浮躁而缺少理智的思考，所以此时就急需控制自己的情绪，戒骄戒躁，不浮不虚，办事按部就班，忙而不乱，才会将事情处理得更妥当，与人相处才会更加和谐友爱。

由于个人的性情不见得能够被全社会的成员接受，于是就必须加以克制和调整。古时候皇子皇孙们不惜手足相残、血流成河也要争相上位为王，一个重要的原因就是要大家都来接受自己的性情。有了权势，居高临下，自己就可以为所欲为了。但当自己放纵性情而为所欲为时，很有可能会遭到众人的反对。所以，不管是什么人，在与社会的交往中，都必须调整自己的性情，以便于能够与人相处融洽。在得意时，有些人容易产生骄傲自满的情绪，目中无人，这样往往容易遭人嫉妒，受到打击。所以在得意时应注意收敛，保持谦虚谨慎的作风，才可立于不败之地。在失意时，人往往怨天尤人，甚至悲观绝望，这样往往会失去前进的动力和他人的帮助，所以我们在日常生活中要注重总结失败的教训，为成功积累更多的经验。

脱厌如释重　带恋如担枷

※ 原文

贫贱之人，一无所有，及临命终时，脱一厌字；富贵之人，无所不有，及临命终时，带一恋字。脱一厌字，如释重负；带一恋字，如担枷锁。

※ 译文

贫穷低贱的人，一无所有，到生命将终结之时，因为对贫贱的厌倦而得到一种解脱感；富有高贵的人，无所不有，到生命终结之时，因对名利的痴迷而恋恋不舍。因厌倦而解脱的人，仿佛放下重担般轻松；因眷恋而不舍离去的人，如同戴上了枷锁般沉重。

※ 评析

在世之时，不管生活得幸福也好，贫穷也罢，在死后却是什么都带不走的。这个世界很公平，来时我们没有带来任何东西，走时我们也只能赤裸裸而去。虽然我们人生走过的路程各不相同，但在死亡这一点上却是相同的，没有人能够逃避得了。如果我们在世之时能够看透生死的关口，那其他的一切事情便更容易把握了。

贫穷低贱的人，一生在贫困中挣扎，什么财富也没有，死时自然没有什么留恋，反而如释重负般轻松，就如同终于盼到了脱离苦海的那一刻；富贵位高的人，一生有享不尽的荣华、用不尽的财富，死时自然会恋恋不舍，身死之时还戴上枷锁，看来他们真是死不瞑目了。

看透名利生死关　方是人生大休闲

※ 原文

透得名利关，方是小休歇；透得生死关，方是大休歇。

※ 译文

能够看得透名利这一关，只是小休息；看得透生死这一关，才算大休息。

※ 评析

世间芸芸众生，都在名利之中拼命追逐，把人生的大好时光消耗在痛苦而劳累的奔波之路上。回头看看我们身边的人，能不为名利所困的又能有几人？名利是祸，万事都由名利而起；名利是灾，万恶也从名利始。能够看透名利的本质，不为物欲所挠，不为名利所惑，虽算得上是觉悟者，但也只能算作小的休息。

生与死才是人生的最大关口。常人总认为生是喜，死是悲，而在悟道人眼里，生死没有什么不同，生即是死，因为有生必有死，所以探究生从何来、死又何去并不重要。赤裸裸而来，两手空空而去，最终只是一抔黄土而已，这就是人生。如果我们能参透生与死的界限，生死不惧，才算入了大境界。

世人指摘处　多是爱护处

※ 原文

世人破绽处，多从周旋处见；指摘处，多从爱护处见；艰难处，多从贪恋处见。

※ 译文

世人所犯的过失，多在与人交往应酬时发生；受到指责之时，多是从爱护的愿望出发；遇到了难以处理的事，多是由于起了贪恋之心的缘故。

※ 评析

做事试图八面玲珑、面面俱到是很困难的，因在与各方应酬时，是难以处处考虑周全的，稍一疏忽，也许就会酿成大错。更何况人的精力是有限的，如果事必躬亲，又必定影响工作的进程和完成的质量，所以做事不必要求人人满意，能够做到大部分人满意就很不错了。好在人情场上做周旋的人，必定在人情场上有过失。交际应酬，本难面面俱到，此处应付得了，他处必定不及应付，任是八面玲珑的人，也难免落得个虚假油滑之名。何况交多必假，穷于应付，难免虚与委蛇。全天下都是好友，就是圣人也难以做到。周旋到烦人处，恩多反怨，种种嫌隙随之而生。

愿意指出别人的缺点，多是从爱护对方的角度出发。爱之故而责之，责备是要他好，如果不爱，任他死活，毫不相关，又何必责之？如果对别人的错误置之不理，任其发展下去，等到自己知道错误时，可能大错早已铸成，想改变也来不及了。所以责也有道，要责其堪受，以爱语导之。若是不堪接受，那么爱中生怨，责之又有何效。听到别人善意的批语时，我们要善于自我反省，虚心地接受，有则改之，无则加勉。

人情的艰难，往往在于留恋。贪生者畏死，恋情者畏失。大凡着于何处，何处便难；难舍何处，何处便难。唯有能舍一切难舍，不贪一切可贪的人，才能自由自在行于世间，而不为一切所缚。贪恋的人因有太多的欲望，所以觉得步履维艰；如果放弃了各种贪欲，那么就会心地清净，一身轻松了。生活中许多人埋怨生活太累，其实是我们的心累，只要把拖累身心的东西放下，才能轻松自在。

佳思侠情一往来　书能下酒云可赠

※ 原文

佳思忽来，书能下酒；侠情一往，云可赠人。

※ 译文

好情绪来时，可以以读书来下酒；豪放情思出现时，可信手将白云作礼物赠送他人。

※ 评析

酒逢知己千杯少，可见饮酒重在情趣，并不一定非有美味佳肴、上乘好酒不可，若有真情趣，以茶代酒或以水代酒也未尝不可。好书是人类的精神食粮，以书为下酒菜，倒显得情趣更浓。古代的豪放诗人曾对月畅饮，留下了“花间一壶酒，独酌无相亲。举杯邀明月，对影成三人。月既不解饮，影徒随我身。暂伴月将影，行乐须及春”的佳句。陶渊明作《饮酒》诗二十首，在“采菊东篱下，悠然见南山”中让我们品到的又是何等高尚的生活情趣。

生性豁达开朗、豪爽洒脱之人，绝不会为一些小事斤斤计较。真到性情豪放之时，他们也会把江月、白云信手拈来相赠予人，因为他们要的是一片心意，而并不是看重实实在在的事物。

生老病死之关　美人名将难过

※ 原文

人不得道，生死老病四字关，谁能透过？独美人名将老病之状，尤为可怜。

※ 译文

人如果不能对生命大彻大悟，面对生、老、病、死这四个关卡，又有谁能看得透呢？尤其是美人和名将，当到那种红颜消逝和年老力衰的悲惨境况时，真使人感到十分无奈和惋惜。

※ 评析

人生在世，如果说生是偶然的，那死就是必然的了，但这又是我们自身无法改变的。不论生命之路怎样走，都会有一个共同的结局，就是由慢慢的衰老到死亡，至于病痛的折磨，也是难以避免的。只有那些看透了生死之道的人，才明白生命的价值所在，才会克服生的痛苦、死的遗憾。

美好的东西总有消失的一天。美丽随着衰老渐渐远去，年轻时健康的体魄在人老后也变得老态龙钟，甚至弱不禁风。这样的情景让人想起来不免有无尽的感叹。然而事物的发展从兴盛到衰落同样也是无法避免的，感叹又有何用呢？倒不如珍惜当下，过着平凡人的生活，以求生无所悔，死无所憾。

饮酒高歌不放肆　大庭卖弄假矜持

※ 原文

真放肆不在饮酒高歌，假矜持偏于大庭卖弄。看明世事透，自然不重功名；认得当下真，是以常寻乐地。

※ 译文

真正不拘于规矩礼数，并不一定要饮酒狂歌，虚假的庄重却偏在大庭广众中故作姿态。能将世事看得明白透彻，自然不会过于重视功名；只有认识到什么是真实的，才能寻找到心性愉悦的天地。

※ 评析

唐代大诗人李白就是放荡不羁、不拘形迹之人。他曾经骑驴经过华阴县，县令不认识李白，不准他骑驴过境，李白云："曾使龙巾拭唾，御手调羹，贵妃捧砚，力士脱靴。想知县莫尊于天子，料此地莫大于皇都，天子殿前尚容吾走马，华容县里不许我骑驴。"知县听后大惊，向他谢罪。可见性情中人往往不拘于常礼，或者纵酒高歌，或者狂放不羁。但是真正的性情中人既不饮酒高歌，更不必故作姿态于人前卖弄。他们看透了世事分明，却表面上滴水不漏；他们远离了功名利禄，却生活得逍遥自在。

真正懂得生命的人，知道珍惜当下，惜福眼前。他们认为活着就是自己的福分，就该享受每一天的快乐时光，而不会让日常的俗事打扰他们的快乐情趣。

真出于诚　诚由于真

※ 原文

市恩不如报德之为厚，要誉不如逃名之为适，矫情不如直节之为真。

※ 译文

施舍给别人恩惠，不如报答他人的恩德来得厚道；获取好的名声，不如回避名声来得安闲；违背常理地自命清高，不如坦诚本分做人来得真切。

※ 评析

在日常生活中，故意施舍给别人一些小的恩惠，想求得对方的喜悦，这定是一种有着不良企图的行为，或者为了笼络人心，或者为了树立威望，其施舍的目的是为了获取自己想要的利益。虽然表面是助人，但结果还是利己的，这与真心诚意的帮助相差甚远。而受人以恩，报之以德，才是传统的道德规范，这种以德报恩的行为是心存感谢、不求索取的。古代就有"受人滴水之恩，当以涌泉相报"的道理，可见其中透露着人性的真诚与善良。

虽然盛名累人，但人人都想获得名声，并以此为荣，殊不知名声只是一种空洞的声音，虽能满足虚荣心的需要，但无形中也会成为一种束缚人的东西。许多知名人士都非常注重自己的言行举止，便是怕失了自己的好名声，倒不如逃名来得逍遥自在，也免除心理上的思想负担。所以节操高尚的人宁可逃避名利带来的麻烦，也不愿违背自己的良心去做些沽名钓誉之事。有了名声，就打破了生活中原本的平静，而在这些虚无缥缈之名的环绕下必须时刻谨慎，如此的矫揉造作之情岂不是夺去了我们真诚平和的本性？

做人只要真实，保持好自己的人格就够了，何必做些假象，不但弄得自己不自在，时间长了，也很可能会失去别人的信任，所以我们只有用真心诚意的表现，才可赢得真正的自我和他人的尊重。

真廉无名　大巧无术

※ 原文

真廉无廉名，立名者所以为贪；大巧无巧术，用术者所以为拙。

※ 译文

真正廉洁的人，不是为了名声，那些以廉洁标榜自我的人，才是真正的贪图名望之人；最大的巧智是不使用任何诡计，运用种种心术的人，不免是笨拙之人。

※ 评析

廉与贪是相对的。无论是为官者，还是平民百姓，都本该把廉洁视为做人的本分。正因生活中有太多贪心之人，才使廉洁成为难行之事，真正的廉洁应该出于本心的要求，而不是名利的驱动。为廉洁而立名，虽不贪利，却是贪名。这和许多人做了好事一定要把名字公布出来是一样的，无非为了博取一个善字而已。其实，廉洁原是本分，由于有贪官污吏的存在，才使廉洁难得。廉声能为世人称道，是因其难得，若是官官都能廉洁，廉洁成了稀松平常的事，又何必为此而立名呢？

一术对一事，此巧不可对彼事，因此，用术之人若为术所困，这个时候，巧术便成了拙术。巧本应是天性，机警聪明，反应敏捷，遇事善于灵活把握。真正的巧在来时不立，立而不滞，这样才能应万物而生其术，不因一术而碍万物。所以说大巧无术，要能兵来将挡，若是滞于术之为用，一旦事出突然，便毫无办法了。如果蓄意玩弄心术，耍些小聪明，其结果往往是偷鸡不成倒蚀一把米，搬起石头砸了自己的脚，应了“聪明反被聪明误”的俗语。

以明霞视美色　以流水听弦歌

※ 原文

明霞可爱，瞬眼而辄空；流水堪听，过耳而不恋。人能以明霞视美色，则业障自轻；人能以流水听弦歌，则性灵何害？

※ 译文

明丽的云霞十分可爱，往往转眼之间就无影无踪了；流水之声十分动听，但是听过后便不再留恋。人们如果以观赏云霞的眼光去看待美人姿色，那么贪恋美色的恶念自然会减轻；如果能以听流水的心情来听弦音歌唱，那么弦歌对我们的性灵又有什么危害呢？

※ 评析

人可以平凡，但不能庸俗；人喜欢美丽，但不能娇媚；人可以张扬，但不能疯狂；人可以谦虚，但不能做作。美是人们所喜欢的东西，但欣赏美是有距离的，也是有分寸的。正如刘禹锡在《爱莲说》中所说：可远观而不可亵玩焉。美丽的云霞纵然绚丽多姿，但往往转瞬即逝；流水的声音固然美妙动听，但却过而难留。

美好的事物如果能存留在你的心中，保存在心中一隅，已是难得，不要有占有之心。贪心不足是痛苦的，得不到的东西拼命去追求，必然会身心憔悴，疲惫不堪，这无异于作茧自缚。只有懂得放弃，才会让身心得到净化。蔚蓝的天空，朵朵的白云，婉转的鸟鸣，潺潺的流水，都是陶冶我们情操的美景，同样也是我们笑对生活的理由。

挨骂不还口　便是得便宜

※ 原文

寒山诗云：有人来骂我，分明了了知。虽然不应对，却是得便宜。此言宜深玩味。

※ 译文

寒山子在诗中说：“有人来辱骂我，我分明听得很清楚，虽然我不会去应对理睬，却是已经得了很大的好处。”这句话很值得我们深深地品味。

※ 评析

寒山子是唐代贞观年间的得道高僧，喜参禅悟道，留下了不少著名诗偈。他曾经在一首诗里这样说：别人骂我，我心里很清楚，但却不去理睬他，这就是得了便宜。其道理与中国传统提倡的以君子之德对付小人之行，所谓“打不还手，骂不还口”有异曲同工之妙，在意境上却更深一层。

不回敬别人的辱骂，首先是战胜了自己，因为“生气是拿别人的错误来惩罚自己”；其次是战胜了对手，任凭辱骂，不予理睬，对手则会自感无趣，自动罢休；其三，如果别人骂得有理，证明自己有错，岂不要感谢那位骂者的指点？所以当我们遭受辱骂时，保持沉默，并不代表自己懦弱或无能，相反倒有诸多的收获。

宁无忧于心　不有乐于身

※ 原文

有誉于前，不若无毁于后；有乐于身，不若无忧于心。

※ 译文

追求当面的赞美，不如避免他人背后的诽谤；追求身体上的快乐，不如追求无忧无虑的心境。

※ 评析

每个人都希望得到别人的美誉，求得好的名声，以满足自己的虚荣心，但回味我们身边的赞誉，又有几人是出于真心实意呢？有的当面要与我们交好，但时过境迁后，便一脚蹬开，甚至还恶意诽谤中伤。当此类事情发生在我们身上时，怎能不叫人心痛呢？所以与其求取赞誉的名声，还不如少让别人在背后议论自己的是非。

快乐是人所追求的，但有时那只是一时感官的兴奋罢了，却不是真正的快乐。真正的快乐是发自心底的，是精神上的放松与心灵深处的愉悦。只有心中没有恐惧、没有企求，平平静静、问心无愧得来的快乐，才是真正的快乐。

会心之语不解　无稽之言不听

※ 原文

会心之语，当以不解解之；无稽之言，是在不听听耳。

※ 译文

能用心领神会的言语，应当不用直言点破而理解它；没有根据的话，不听任它在耳边流过便是了。

※ 评析

语言是沟通的最佳方式，是人类生活所必须掌握的一门学问，其中有许多技巧。由于语言的表达程度有限，有些语言，对于能够理解的人，不用道明自会心领神悟，大有“身无彩凤双飞翼，心有灵犀一点通”的感觉；对于不理解的人，即使对其说得头头是道，讲得清晰明白，也未必能够使对方理解，使人有种对牛弹琴的感觉。所以有时一些事用语言点破反倒会失去其中的意趣，甚至费了力也收不到好的效果。

对我们身边的一些空穴来风的流言蜚语，切不可为此便生出烦恼之意，倒不如将其当作生活的笑料罢了，一只耳朵进一只耳朵出，听与不听也就无所谓了。如果真拿这些无稽之谈当回事，我们只会更加烦心，更加感觉到身心的疲惫不堪。

柳密拨得开　雨急不折腰

※ 原文

花繁柳密处拨得开，才是手段；风狂雨急时立得定，方见脚跟。

※ 译文

在枝繁叶茂的美景下能拨开迷雾不受拘束，来去自如，才看得出一个人的手段是否高明；在狂风暴雨、穷困潦倒的时候，能够站稳脚跟而不被击倒，才是立场坚定的君子。

※ 评析

顺境中能把事情做好，承受福分，人人都可以做到。但关键是看他能否经受得住利益的诱惑而不会迷失本性，能否在富贵极顶时急流勇退，这才说明这个人是否具有非凡的勇气和远见卓识。繁花似锦、柳密如织的美景能维持多久呢？因为事物到了巅峰往往是走下坡路的开始，只有智者能够及时识破其中的幻象，来去自如，不受束缚。

在顺境中要的是洒脱的气概，在逆境中才能真正看出一个人是否有坚定的意志。由于人生不如意十之八九，在遇到艰难曲折的路程时，能够保持做人的原则和正直的品性，不迷乱心智、不气馁妥协，才可谓生活的强者。

悉利害之情　忘利害之虑

※ 原文

议事者身在事外，宜悉利害之情；任事者身居事中，当忘利害之虑。

※ 译文

议论事情的人，由于本身不直接参与其事，所以了解事情的利害得失；办理事情的人本身就处在事情当中，所以应当放下对利害得失的顾虑。

※ 评析

对事物有议论资格的人，一定要充分考虑事情的利害得失，看问题要做到全面而详细，兼顾全体与局部。因为这些考虑所得到的收获能为决策者提供更好的依据，如果疏忽大意，或是只顾个人立场，就不能集思广益，势必会遇到难以解决的障碍，甚至还可能造成巨大的损失。千里之堤，溃于蚁穴。越是小问题越不可马虎大意，如果对隐患不加以制止，任其发展下去，结果势必带来更大的损失。

就拿一场战争来说吧。指挥员在战前对双方实力、地形的利弊，以及影响战斗进行的意外情况都考虑清楚的前提下，才能做出正确的决策。而直接参与战争的人，就该放下有关利害得失的包袱，轻装上阵，将战争方案执行好，才会赢得斗争的胜利；如果执行战斗的人瞻前顾后，畏首畏尾，不听指挥，那只能以失败结束。

说话心口一致　做事名副其实

※ 原文

谭山林之乐者，未必真得山林之趣；厌名利之谭者，未必尽忘名利之情。

※ 译文

喜欢谈论隐居山林中的生活乐趣的人，未必真正领悟了隐居的乐趣；口头上说厌倦名利的人，未必真的将名利忘却。

※ 评析

表面和事实往往相差很远，有时甚至背道而驰。一个人的言谈只是外在的显露，不可轻易深信，就如同有些人嘴上说的是一套，但做起事来又是另一套。喜欢谈论山林隐居之乐的人，并不一定就真正领悟了其中的乐趣，没准是借此衬托自己的高雅脱俗，甚至借此来引起别人的关注，因为真正悟得山居乐趣的人已经隐居其中自得其乐去了，哪还有闲情逸致去炫耀一番？

口口声声说将名利看得很淡，甚至做出不近名利的姿态，而内心深处却无法摆脱名利的诱惑与束缚，便做出自欺欺人的姿态，其实未忘名利之心昭然若揭。像那些好作厌名利之论的人，内心不会放下清高之名，这种人虽然较之在名利场中追逐的人高明，却未必尽忘名利，他们形虽放下而心未放下，口是而心非。

名利犹如赌博，是以全部身心为筹码，去换取空无一物的东西。但名利本身并无过错，错在人为名利而起纷争；错在人为名利而忘却生命的本质；错在人为名利而伤情害义；就如酒，浅尝即可，过之则醉。可是普天之下又有几人怀着对名利的淡泊之心呢？

心口不一的人，实际上内心充满了矛盾，如果能够做到心中怎么想，口中怎么说，心口如一，那么不但自己活得坦然，与人交往也会很自在了。所以说若完全放弃对名利不动心的念头，自然也就能够不受名利的束缚了。

贫不能无志　死不可无补

※ 原文

贫不足羞，可羞是贫而无志；贱不作恶，可恶是贱而无能；老不足叹，可叹是老而虚生；死不足悲，可悲是死而无补。

※ 译文

贫穷并不是羞愧的事，值得羞愧的是贫穷却没有志气；地位卑贱并不令人厌恶，令人厌恶的是卑贱而又无能；年老并不值得叹息，值得叹息的是年老时已虚度一生；死并不值得悲伤，可悲的是死时却对世人毫无贡献。

※ 评析

贫贱并不代表着羞愧与地位低下，富贵也并不代表着高尚与完美。判断一个人是否值得尊敬，关键还是看其品德操行如何，贫穷但不失奋斗的志气，低微却有自己的能力，那么也是可敬的。如果因贫穷便精神颓废、萎靡不振，因低下便无所事事、毫无能力，那才是真正的悲哀呢！

生老病死都是人生的必然经历，更没有什么值得叹息的。我们活着所要做的事就是生而尽其动，尽最大的努力走好脚下的路，让自己一生活得有价值，这就要求我们为社会多做一些有益的事。在临死时能够自豪地说声：我此生并没有虚度年华，而觉得活得很充实，因为我做了一些有益于社会、有益于人民的事。那么还有什么值得悲哀的呢？

穷交能长　利交必伤

※ 原文

彼无望德，此无示恩，穷交所以能长；望不胜奢，欲不胜餍，利交所以必忤。

※ 译文

朋友不期求获得恩惠，我也就不会向朋友表示给予恩惠，这是清贫的朋友能够长久相交的原因；期望有所获得而无止境，欲望又永远无法满足，这就是靠利益结交的朋友必然会伤和气的原因。

※ 评析

交朋友就如同读一本书。读一本好书会让我们终身受益；读一本坏书，则有可能会危害一生。君子之交淡如水。真正的朋友追求的是心灵上的志同道合，而不是物质利益的相互索求，甚至相互利用。穷朋友之间图的是双方相同的志趣与心肠，既不期望从对方那里得到什么物质利益，自己也不故意用利益向对方施舍恩惠，这样的友谊才会天长地久。

建立在利益基础上的朋友，大多是一些狐朋狗友之类的小人，他们互相利用，以物与物的交换来维系他们之间的关系，一旦失去了利用的价值，也就失去了相交的动机，甚或伤了和气，反目成仇。所以说饭桌上的酒肉朋友要不得，只有在患难之中才能认清谁是真正的朋友，才能结交到真正的友谊。

享受财富显官　不如月下高歌

※ 原文

人生自古七十少，前除幼年后除老，中间光景不多时，又有阴晴与烦恼。到了中秋月倍明，到了清明花更好；花前月下得高歌，急须漫把金樽倒。世上财多赚不尽，朝里官多做不了；官大钱多身转劳，落得自家头白早。请君细看眼前人，年年一分埋青草；草里多多少少坟，一年一半无人扫。

※ 译文

活到七十岁的人在古代是很少的，除去前边的幼年和后边的老年，中间剩下的时间就很少了，更何况还有平日的阴晴雨雪和忧愁烦恼呢？在中秋的夜晚，月光十分明媚，到了清明时节，百花也异常鲜艳。在花前月下我们可以尽情高声歌唱，亦可把酒当欢，对月畅饮。虽然世上有赚不尽的钱财，朝廷里有做不完的官职，但官职大了，钱财多了，人却觉得更加心力交瘁了，结果落了个白发早生。请大家看一看世间众生，一年年中把老死之人埋于青草黄土下，而草中又有多少坟墓，到每年的清明时节却有一半无人祭扫。

※ 评析

年年岁岁花相似，岁岁年年人不同。人生本来短暂，却还沉迷于钱财富贵、高官显位之中，等到大好年华已过，人近黄昏之时，才发现镜中的自己竟是满头白发，不禁感叹岁月的无情。回头审视自己，年少时不知好好珍惜这大好时光，却等到年老时只是发出绝望般的叹息之声，又怎能不让人心痛呢？

生活中的财富显位不过是人生的虚名罢了，身死之后，钱财分文带不走，显位这个美丽的光环也消失得无影无踪。与其被钱财声名所累，不如抛却世俗的牵绊，自在一生。

苦茗代肉食　琴书为益友

※ 原文

茅屋三间，木榻一枕，烧清香，啜苦茗，读数行书，懒倦便高卧松梧之下，或科头行吟，日常以苦茗代肉食，以松石代珍奇，以琴书代益友，以著述代功业，此亦乐事。

※ 译文

身居三间茅屋中，木头制的睡榻一枕，燃烧着清香，品尝着苦茶，欣赏着诗书，疲倦了便躺在松树和梧桐之下，或是摘去道冠，独自漫步行吟。平日的生活用苦茶来代替食肉，用松石来代替奇珍异宝，把琴和书当作自己的知己好友，以著书立作来代替建功立业，这其实也是人生的快乐事情呀！

※ 评析

生活的乐趣在于每个人自己去寻找、去体会，要抱有知足常乐的心态和安贫乐道的情怀。有的人朋友很多，生活很富有，却依然显得郁郁寡欢、愁眉不展；有的人经常独来独往，生活也很清贫，但他们还是每天显得精神百倍、兴高采烈的样子。为什么？就是因为两类人对生活的态度不同。前者更多的是追求物质生活方面的享受，在这条路上人走得越远，生活得就会越累，快乐就会越少；后者更多地追求精神生活方面的享受，在这条路上人走得越远，生活得就会越轻松，快乐就会越多。

黄昏月下　能有实际

※ 原文

春初玉树参差，冰花错落，琼台奇望，恍坐玄圃罗浮。若非黄昏月下，携琴吟赏，杯酒留连，则暗香浮动、疏影横斜之趣，何能有实际？

※ 译文

初春时节，白雪覆盖的树木参差不齐，冰凌结成的花儿显得错落有致，登上华美的楼台远望，恍惚间好像坐在玄圃仙居和罗浮仙山一样。如果不是在黄昏的月光下把玩着琴乐吟诗赏雪、饮酒作乐的话，这暗香浮动、疏影横斜的幽境是很难体会到的，能够身临其境才是达到了真正境界呀！

※ 评析

玄圃：指仙居，据说昆仑山顶，有五所金台、十二座玉楼，是神仙居住的地方。罗浮：山名，在广东省境内，风景秀丽，是著名的旅游胜地。相传罗山的西边有座浮山，是蓬莱的一部分，浮海而至，与罗山并体。晋葛洪于此得仙游，道教列为第七大洞天。

参禅悟道不是诵经打坐就能领悟的，还需要身体力行地去体验。攀爬天下山水，才会知道禅的境界里有生命的真谛，才会找到生命的寄托。达到了禅的境界，我们才会抛却疲劳忧苦、七情六欲，拥有淡泊、宁静、洒脱的生活。

开眼便觉天地阔　林卧不知寒暑更

※ 原文

开眼便觉天地阔，挝鼓非狂；林卧不知寒暑更，上床空算。

※ 译文

睁眼看世界，便感觉天地宽阔了许多，哪怕像祢衡击鼓骂曹操那样也算不上狂放；隐居在山林当中，不知道寒暑往来的变化，就算像陈登那样有忧国忧民的意识、建立功名的热心，也只不过是白白筹划罢了。

※ 评析

挝鼓非狂：运用了汉末名士祢衡击鼓骂曹操的典故，说祢衡恃才狂傲、当面辱骂曹操的行为并算不上狂妄。上床空算：用的是三国人物陈登的典故，用来说明功名入世的心不过是空空的算盘罢了，没有实际意义。《三国志·魏书·陈登传》：许汜见陈登，陈登久不与言，自上大床卧，使之卧下床。许汜告之刘备，刘备曰："君有国士之名，今天下大乱，帝主失所，望君忧国忘家，有救世之意，而君求田问舍，言无可采，是元龙（陈登字元龙）所讳也，何缘当与君语？如小人，欲卧百尺楼上，卧君于地，何但上下床之间邪？"

心胸豪迈之人，其想法和作为是平常人难以预料的，有时候他们的所作所为看起来不合时宜，甚至狂妄到让人难以忍受的地步，但往往就是这样的人才会有惊人之举。诗人李白之所以有诸多佳篇和故事传世，都与他狂放的性格有着直接的联系。

君子一言，驷马难追。有的人空有报国之心，却拿不出报国的实际行动来，只是停留在嘴上，这又怎能算作报国心呢？就如同我们平常对他人的许诺一样，答应了别人却不去兑现，结果不但会落个言而无信的恶名，还会失去他人的理解与信任。只有把想法与承诺落到实处，才会赢得更好的声誉和更多的朋友。

三徙成名　一朝解绶

※ 原文

三徙成名，笑范蠡碌碌浮生，纵扁舟忘却五湖风月；一朝解绶，羡渊明飘飘遗世，命巾车归来满架琴书。

※ 译文

三次迁徙成名于天下，可笑范蠡忙忙碌碌奔波劳碌了一生，乘一叶扁舟不知去向，却忘记了欣赏五湖美好的风光；弃官归隐山林，羡慕陶渊明飘然忘世的隐居生活，吩咐轻车简从归去来兮，装载的只有满车的琴与书。

※ 评析

三徙成名：春秋时期的越国大夫范蠡，辅佐越王勾践灭了吴国，后来因不能与勾践共安乐而离开了越国，投奔齐国，改名为鸱夷子皮。后来又到了陶，经商致富，号陶朱公，十九年中三致千金。三次迁徙，治国经商俱成功，因此得名。一朝解绶：说的是晋朝陶渊明辞去彭泽县令，不愿为五斗米折腰的故事。

人活着贵要有一种可歌可泣的精神，因为精神是人获取动力的重要来源。在自己的追求之路上栽了跟头并不可怕，只要不失奋斗的动力，保持向上向善的拼搏精神，总会等到可以展示自己才华的机会，实现梦想，享受生活的快乐。

不得胸怀　百岁犹夭

※ 原文

人生不得行胸怀，虽寿百岁，犹夭也。

※ 译文

人的一生如果不能实现自己的理想抱负，即使活到一百岁，那和夭折也没有什么区别。

※ 评析

有位先哲说过，生命就是从母体到坟墓的一段弧线，如何让这条弧线发出更耀眼的光芒，就是我们活着时所要做的事。虽然人并不是为别人而活着，但总应该证明点什么，证明给世人我们可以活得有价值、有意义。那究竟该怎么做呢？年轻时不要怕，年老后不要悔，这就是浓缩的人生智慧。

趁着年轻时的蓬勃朝气去努力耕耘一番，争取早日有所作为，即使年老之后也不要为曾经所做的错事而感到后悔。虽然人生中有些事我们努力了一辈子也没有达到，但只要我们尽心尽力去做了，也就无怨无悔了。如果年轻时不去闯荡天下，等老了再想从头开始，可惜悔之晚矣，那才是一生的悲哀呢！

世法不必尽尝　心珠宜当独朗

※ 原文

一勺水，便具四海水味，世法不必尽尝；千江月，总是一轮月光，心珠宜当独朗。

※ 译文

一勺中的水，就具有了五湖四海所有水的味道，所以说世间一切生灭无常的事物不一定都要体验；千江之水的明月，其实也都是同一轮月光，所以人心应该纯洁如珠，光明普照。

※ 评析

有些人只知一味地追求，却不懂得适时地放弃。其实世间的许多事物都有着相近或相通的本性，只要知其一便可推而广之，何必枉费心力，贪求太多。退一步就能达到超然的境界，不把精力花在那些短暂无价值的事物上，本身就是一种觉悟，就是一种取舍。当你自身觉醒，就会明白一切都不假外求，不需要用外面的事证明自己，也不需要外面的东西帮助自己修行，只要靠自己的一颗真心去领悟就可以了。

喜坡仙玉版之参　受米颠袍笏之辱

※ 原文

笋含禅味，喜坡仙玉版之参；石结清盟，受米颠袍笏之辱。

※ 译文

竹笋饱含着禅趣之味，很高兴苏东坡参拜玉版和尚的游戏；巨石可以结成清雅的会盟，反而受到米芾锦袍笏参拜的羞辱。

※ 评析

笋含禅味，喜坡仙玉版之参：这个典故出自于惠洪的《冷斋夜话》第七卷。书中记载：苏东坡自岭南北归，与刘安世（字器之）相遇，又尝要刘器之同参玉版和尚，器之每倦山行，闻见玉版，欣然从之。至廉泉寺，烧笋而食，器之觉笋味胜，问："此笋何名？"东坡曰："即玉版也。此老师善说法，更令人得禅悦之味。"于是器之乃悟其戏，为大笑。

石结清盟，受米颠袍笏之辱：出自于《宋史·米芾传》。"米芾字元章，号鹿门居士、襄阳漫士、海岳外史，世称米南宫、米颠。尝以太常博士出知无为军，治所有巨石，状奇丑，见之大喜，曰：'此足以当吾拜！'具衣冠拜之，呼之为兄长。"袍笏是官员的一种装束。

能够从竹笋中品出禅的味道，关键在于心底的安静自然，但这种高尚的境界修为并非一般凡夫俗子所能达到的。拜怪石为兄，又是何等的狂放洒脱，一切都是真情实感的流露，如此坦然率真的性情实在令人敬佩。回首现实生活中的我们，有苏轼、米芾这种情怀的又有几人？

颜真卿抗节不挠　名节者恬退中来

※ 原文

国家尊名节，奖恬退，虽一时未见其效，然当患难仓卒之际，终赖其用。如禄山之乱，河北二十四郡皆望风奔溃，而抗节不挠者，止一颜真卿，明皇初不识其人。

则所谓名节者，亦未尝不自恬退中得来也，故奖恬退者，乃所以励名节。

※ 译文

国家尊崇名节操守，奖励淡泊退让，虽然一时没有见到成效，但当遇患难危亡的关键时刻，终究还要靠这些人来拯救国家。就拿唐朝的安史之乱来看，黄河以北的二十四个郡守都望风而逃，军兵溃散，能够不屈不挠抵抗叛逆的，也不过只有颜真卿一人而已，而唐明皇最初竟然还不认识他。由此看来，保持名节操守的人也未必不是从淡泊退让的人群中走出来的。所以说奖励淡泊退让的人，也是在激励有名节操守的人。

※ 评析

禄山之乱：就是说的唐代的安史之乱。天宝十四年（755 年），平卢、范阳、河东三镇节度使起兵叛变大唐，紧接着其部下史思明也跟着叛乱，后历经八年战争，才由郭子仪率兵平复，唐朝从此由盛转衰。

颜真卿：字清臣，山东临沂人，开元年间的进士，曾做过监察御史、平原太守等官职，后被封为鲁国公，他也是中国历史上一位著名的书法家。安史之乱后，河北诸郡守官望风而逃，唐玄宗叹曰："河北二十四郡，岂无一忠臣乎？"后来得知只有颜真卿一人坚守平原，玄宗大喜："朕不识颜真卿形态何如，所为得如此！"

这不禁让人想起了韩愈在《马说》中所写："千里马常有，而伯乐不常有，故虽有名马，只辱于奴隶人之手，或骈死于槽枥之间。"在现实生活中有许多人才被埋没在了平庸的人群中，原因就是我们没有伯乐的眼光，不能识别有才之士。只有做到知人善任，使人尽其才，才尽其用，才称得上真正的伯乐。

是金子总会发光的。一时得不到施展才华的人也不要气馁，只要埋头做好自己眼前的工作，总会有出人头地的一天。

考察人品　五伦为准

※ 原文

考人品，要在五伦上见。此处得，则小过不足疵；此处失，则众长不足录。

※ 译文

考察一个人的品德，要在君臣、父子、兄弟、夫妇、朋友这五种人伦关系上来评判。如果在五伦上都做得很得体的话，那么即使平日犯些小的错误也算不上有瑕疵；如果五伦之上有违背礼仪的行为，就算有再多的长处，也不能够录用。

※ 评析

考察人的标准有很多，在古代就以五伦为准。身为臣子，对君王要忠心耿耿；为子女，对父母要尊敬孝顺；为兄长，对弟弟要给予呵护教导，古代有“有父从父，无父从兄”之语；夫妻之间要恩爱有加，互相关爱体贴。如果五伦之事都做得无可厚非，那就可称得上是一个具有高尚道德情操的人，即使在其他的方面犯些小错误，也是可以原谅的。如果在最根本的五伦之上都做出不得体的事情，即使其他方面做得再好，也不可轻易录用。

现代的选才标准要求的是德才兼备的人才。从德这一方面来看，也可以五伦为标准来进行考查，因为五伦的道德要求永远都不会过时。

不堕泪者　不忠不友

※ 原文

读诸葛武侯《出师表》而不堕泪者，其人必不忠；读韩退之《祭十二郎文》而不堕泪者，其人必不友。

※ 译文

读诸葛亮的《出师表》而不落泪的人，他必然没有尽忠之心；读韩愈的《祭十二郎文》而不落泪的人，他必然没有朋友间的情义。

※ 评析

人是有感情的动物，所以往往会即景生情，有的人看到花落满地或是夕阳西下就可能会感伤落泪，更何况是诸葛亮的《出师表》和韩愈的《祭十二郎文》呢？这情真意切的言行足以表明臣子的赤胆忠心和一位长辈对晚辈的怀念之情。就像我们读李密的《陈情表》时的感受一样，忠孝难两全，但李密能够在尽孝之后履行对皇帝尽忠的职责，又是何等的博大胸怀，怎能不叫人感动呢？

电视中看到感人的镜头，或是听到感人的故事，抑或是亲眼看见发生在我们身边的感人事迹，都会在心灵深处涌起一股流泪的冲动，虽然并不一定每次都要以泪释怀，但当我们的心灵得到了震颤，一定要珍惜这份感动，别让俗事把自己的心变得冰冷。

不独雅量过人　正是用世高手

※ 原文

吕圣公（功）之不问朝士名，张师亮之不发窃器奴，韩稚圭之不易持烛兵，不独雅量过人，正是用世高手。

※ 译文

吕蒙正不过问那个讥笑自己的朝士姓名，张齐贤不揭露偷盗银器的奴仆，韩琦不更换举蜡烛误烧自己胡须的士兵，这都表现了几位大臣的宽广胸怀，其实这恰恰也是用人的高明之处。

※ 评析

吕圣公：即吕蒙正，字圣功，北宋河南洛阳人，太平兴国二年（977 年）举进士第一，官至中书侍郎、平章事，监修国史。因其年纪轻轻就任参知政事，而遭到朝士讥笑，同僚要追查此事，而吕蒙正制止说："若知其名，必记于心，不如不知。"

张师亮：北宋曹州人，著有《洛阳缙绅旧闻记》。据《东轩笔记》载：一次酒宴间，一家奴窃数银器于怀，而他熟视不语。后为相，门下皆得班行，唯窃器奴不沾禄。奴泣拜，与钱而遣之。

韩稚圭：韩琦字稚圭，北宋安阳人，官至枢密使、宰相，封魏国公。据《厚德录》载：韩魏公帅武定时，夜作书，令一侍兵持烛于旁，兵他顾，烛燃公须，公以袖挥之，而作书如故，少顷回视，则已易其人矣。公恐主吏鞭卒，急呼曰："勿易之，渠方解持烛。"军府为之感服。

刘备三顾茅庐请诸葛亮，曹操赤脚迎许攸，都是类似的故事。身在高位却没有官员的架子，而能与属下平等视之，这样的为官者才是真正有德行、有威望之人。如果总是一副盛气凌人、高高在上的姿态，那谁也不愿接近，就更谈不上在属下心中有良好声望了。

会花鸟之情 得天趣活泼

※ 原文

昔人有花中十友：桂为仙友，莲为净友，梅为清友，菊为逸友，海棠名友，荼蘼韵友，瑞香殊友，芝兰芳友，蜡梅奇友，栀子禅友。昔人有禽中五客：鸥为闲客，鹤为仙客，鹭为雪客，孔雀南客，鹦鹉陇客。会花鸟之情，真是天趣活泼。

※ 译文

古人有花十友的说法：桂花是仙友，莲花是诤友，梅花是清友，菊花是逸友，海棠是名友，荼是韵友，瑞香是殊友，芝兰是芳友，蜡梅是奇友，栀子是禅友。古人还有禽中五客的说法：鸥为闲客，鹤为仙客，鹭为雪客，孔雀为南客，鹦鹉为陇客。这两种说法都能够领会和吻合花鸟的各自性情，它们的自然情趣真是活泼可爱呀！

※ 评析

如此生动形象的比喻让我们不禁扪心自问：自己到底属于哪一种朋友的结交呢？由此可推知自己与花鸟相似的性情。

值得我们深思的是，朋友也有好坏之分，如果结交了一些酒肉朋友，得意时便聚在一起喝个烂醉如泥，失意时便躲得无影无踪，如何算得上朋友？与以上所说的花鸟之情就更是天壤之别了。

佳人病怯 豪客多情

※ 原文

佳人病怯，不耐春寒；豪客多情，尤怜夜饮。李太白之宝花宜障，光孟祖之狗窦堪呼。

※ 译文

女人病后虚弱，经不起春寒料峭；豪客情感丰富，非常喜欢夜间饮酒。所以李白想要见宠姐，应当设七宝花相隔；光孟祖狗窦窥友大叫，值得赶紧请进与之相见畅饮。

※ 评析

李太白之宝花宜障：据《开元天宝遗事》中记载：“宁王宫有位名叫宠姐的妓女，长得非常漂亮，又善于歌唱。每到宴请宾客之时，其他妓女都在当前，只有宠姐是客人见不到的。一次饮到半睡半醒之时，李白乘着醉意笑说：‘很久之前就听说贵王府的宠姐能歌善舞，今天美酒佳肴都已经享尽，大家也都感到有些倦意了，王爷为什么还如此小气，不让我们见见宠姐之面呢？’王爷笑着吩咐手下说：‘设七宝花障，请宠姐在障后为大家吟歌吧。’李白起身道谢：‘虽然不让我们见其面，但能够听到她的声音也是很幸运的了。’”

光孟祖之狗窦堪呼：据《晋书·光逸传》记载：“（光逸字孟祖）初至，属辅之与谢鲲、阮放、毕卓、羊曼、桓彝、阮孚散发裸裎，闭室酣饮已多日。逸将排户入，守者不从，逸便于户外脱衣露头于狗窦中窥之而大叫。辅之答曰：‘他人决不能尔，必我孟达也。’遽呼入，遂与饮，不舍昼夜。时人谓之八达。”

好奇之心，人皆有之，更何况是李白这样的奇人异士呢？虽不能见慕名之人一面，但能听其歌声，也便足够了。像孟达如此狂放之人，世间更是少有，类似的行为又岂是一般人能够阻止的？只能任其逍遥自在了。

丈夫须有远图　豪杰应有壮志

※ 原文

丈夫须有远图，眼孔如轮，可怪处堂燕雀；豪杰宁无壮志，风棱似铁，不忧当道豺狼。

※ 译文

大丈夫必须要有长远的打算，眼孔犹如车轮一般，对处在屋檐下不知祸患将至的燕雀感到惊奇；真正的豪杰怎能没有雄心壮志，铮铮铁骨，威风八面，无须担心豺狼当道，奸佞当权。

※ 评析

处堂燕雀：《孔丛子·论势》：“燕雀处屋，子母相哺，煦煦焉其相乐也，自以为安矣，灶突炎上，栋宇将焚，燕雀颜色不变，不知祸之将及己也。”

没有目标的生活，就像没舵的航船，随风飘荡，不知该何去何从；有了对伟大理想的追求，才会拥有勇往直前的动力。人无远虑，必有近忧。在做事之前要经过一番深思熟虑，预测事物的发展方向，才会在处理问题的过程中有条不紊，所以人必须要有远见卓识。

心中充满豪情壮志，就不怕山高水深，就不再畏惧荆棘丛生的道路，凭着勇气和正义就足以战胜人生路上的一切困难。邪不压正，即使豺狼当道、奸佞当权也不足为惧。

勿使子孙效仿　但留榜样做人

※ 原文

吾之一身，尝有少不同壮，壮不同老；吾之身后，焉有子能肖父，孙能肖祖？如此期必，尽属妄想，所可尽者，惟留好样与儿孙而已。

※ 译文

人的一生之中，都有过少年与壮年的各自经历，壮年与老年不相同的地方，所以在我们的身后，也不会有儿子绝对像父亲、孙子绝对像祖父的道理。如果我们真要抱着这样的想法，那就是痴心妄想了，我们所能做到的，就是有生之年端正自己的行为，给子孙留下个好榜样。

※ 评析

孩童有稚嫩的美，青年有健旺的美，中年有成熟的美，老年有恬淡自如的美。这就像大自然的四季——春天葱茏，夏天繁盛，秋天斑斓，冬天纯净，各有各的美感与迷人之处，各有各的优势和与众不同之处。谁也不必羡慕谁，谁也不必模仿谁，模仿必累，勉强更累。生而尽其动，死而尽其静，听其自然，方是上策。

如果生前让子孙按照自己的意图去做，倒不如在平日中多做好事，时刻检点自己的行为，即使不用我们教诲，儿孙也会把我们视为学习的榜样。如果我们不能审视自己的缺点，任其发展下去，不但会让他人厌恶，也会使子孙离弃，又何谈榜样之说呢？

读轩快之书　听透彻之语

※ 原文

读一篇轩快之书，宛见山青水白；听几句透彻之语，如看岳立川行。

※ 译文

读一篇令人心情舒畅的文章，就仿佛看到了青山白水那样赏心悦目；听到几句精辟的话语，就好像看到了雄伟高大的山川、奔流东去的江水那样让人心旷神怡。

※ 评析

找一本好书，读几篇好的文章，能让我们心有所悟，或是陶冶了我们的情操，或是增添了智慧，或是铸造了意志。所以空闲之余，读读书，看看报，都会受益匪浅。读书要用心专一，切不可朝三暮四，心不在焉；也不可死读书，不求甚解。只有灵活变通地掌握读书要领，才能领会好文章中无穷的意趣。

听几句富含哲理的话语，或是别人的一番良言相劝，会明白许多为人处世的道理，学到许多与人交往的好方法，真可谓一语点醒梦中人呀！但在聆听时也要有辨别真伪的眼光，因为他人之言并非都是出于真心实意。如果听些别有用心之人的奉承话，不但毫无益处，反而可能会深受其害。

论名节缓急之事小　较生死名节之论微

※ 原文

论名节，则缓急之事小；较生死，则名节之论微。但知为饿夫以采南山之薇，不必为枯鱼以需西江之水。

※ 译文

如果与名誉和节操相比，那么急迫困难的事就要小多了；如果与生死相比，那名誉和节操又显得微不足道了。人们只知道伯夷、叔齐不食周粟而采薇南山终至饿死的事，却不知枯鱼活命而需要引来西江之水。

※ 评析

不必为枯鱼以需西江之水：《庄子·外物》中记载：“周昨来，有中道而呼者。周顾视，车辙中有鲋鱼焉。周问之曰：‘鲋鱼来！子何为者邪？’对曰：‘我，东海之波臣也。君岂有斗升之水而活我哉？’周曰：‘诺，我且南游吴越之王，激西江之水而迎子，可乎？’鲋鱼忿然作色曰：‘我失我常与，我无所处。吾得斗升之水然活耳，君乃言此，曾不如早索我于枯鱼之肆。’”

曾记得不食嗟来之食的故事，警示世人人格要高于侮辱下的苟活。有些人为了一些鸡毛蒜皮的小事便大动干戈，相互谩骂，甚至拳脚相加，又哪里顾忌过自己的人格？更可悲的是还有一些人置尊严、道义于不顾，以身试法，做些法理难容的事情，结果身败名裂，甚至命丧黄泉。若连自己生命都不顾惜的人，又谈什么节操与荣辱呢？

雄心壮志早立　慈悲心肠勿弃

※ 原文

闻鸡起舞，刘琨其壮士之雄心乎；闻筝起舞，迦叶其开士之素心乎！

※ 译文

刘琨闻鸡起舞，表现出一个壮士的雄心大志；迦叶闻筝起舞，显示了一颗菩萨般的慈悲心肠。

※ 评析

有志者，事竟成。欲成就一番大事业的人，必须早立志向，而后为之奋起拼搏。如果空立志向于心中，而不去通过实际行动来证明，那无异于永远无法企及的空中楼阁。

常立志不如高尚远大的志向加上谦虚实干的作风和不畏艰难的胆量，才是人生中最可贵的精神。立志不努力，便是志大才疏，才疏就无法实现自己的志向。刘琨闻鸡起舞，把渴望精忠报国的志向落到了实处，这才是有志之士学习的榜样。

人的本性都是善良的，只不过由于后天成长在不同的环境中，而有了善恶之别、好坏之分。迦叶沉浸在美妙的音乐中，禁不住随之舞动，足见其向上向善的心灵追求。

鲍子让金　管宁割席

※ 原文

贫富之交，可以情谅，鲍子所以让金；贵贱之间，易以势移，管宁所以割席。

※ 译文

以贫贱富贵相交的朋友，可以根据不同的情势给予谅解，这就是鲍叔牙让金给管仲的原因；高贵低贱的交情，容易因为地位的不同而发生变化，这就是管宁割席断义的原因。

※ 评析

鲍子让金：春秋时期的管仲与鲍叔牙是至交好友，感情甚厚，因为管仲家境贫寒，鲍叔牙便让管仲在两人经商的利润中多取一份，后来又向齐桓公举荐管仲，成就了桓公的一代霸业。所以后来管仲说道："生我者父母，知我者鲍子也。"

管宁割席：管宁是三国时期的魏国人，与华歆同学，又同席读书。有乘轩冕之人在其门前经过，管宁依然读书如故，而华歆则跑出去观看，管宁割席分为两半，说：“子非吾友也。”

真正的朋友重在坦诚相待，真心相交，不可有丝毫的虚情假意。朋友处于危难中要及时伸出我们的援助之手，这样我们才会让朋友变成知己，让友谊地久天长。如果嫌贫爱富，那相交的结果必定分道扬镳，甚至成为仇敌。

情篇

阮籍邻家少妇有美色，当垆沽酒，籍常诣饮，醉便卧其侧。隔帘闻坠钗声，而不动念者，此人不痴则慧。我幸在不痴不慧中。

当为情死　不为情怨

※ 原文

语云：当为情死，不当为情怨。明乎情者，原可死而不可怨者也。虽然，既云情矣，此身已为情有，又何忍死耶？然不死终不透彻耳。韩翃之柳，崔护之花，汉宫之流叶，蜀女之飘梧，令后世有情之人咨嗟想慕，托之语言，寄之歌咏。而奴无昆仑，客无黄衫，知己无押衙，同志无虞侯，则虽盟在海棠，终是陌路萧郎耳。

※ 译文

语说：应当为情而死，不可为情而生怨。关于感情的事，本来就是可为对方而死，却不应当生出怨心的。虽然对情这么看，但既已身在情中，又有什么不愿死的呢？然而不到死时又不见情爱的深刻。韩君平的章之柳，崔护的人面桃花，宫廷御沟的红叶题诗，蜀女题诗梧叶飘飞，这些故事都让后世的有情人叹息羡慕，有的用文字记载下来，有的写成诗歌吟咏。既然没有能劫得佳人的昆仑奴，又没有身着黄衫的豪客，没有押衙古生那样的知己，更没有像虞侯一样志向相同的人，那么，即使是有海棠花下的誓约，终究不免成为陌路萧郎。

※ 评析

为情而死是千古绝唱，古代确有许多感人至深的爱情故事。那些没有经过爱情生死考验的人，是无法领悟情意的深刻的。韩翃之柳：指唐代诗人韩君平的爱妾柳氏，柳氏在战乱中被番将夺走，后来同府虞侯许俊为他将柳氏抢回。崔护之花：指的是唐代诗人崔护曾在清明节那天到城外游玩，口渴而到一户人家要水喝，那家的女子情意非常深浓，来年清明崔护又到此家时，却见门户紧锁，于是在门上题诗："去年今日此门中，人面桃花相映红。人面不知何处去，桃花依旧笑春风。"汉宫之流叶：指唐僖宗时宫女韩翠屏曾在红叶上题诗，红叶被流水冲到宫外，学士于祐捡到后，又在红叶上题诗流回宫中，韩翠屏复捡得此叶。后来宫中放出三千宫女，于祐娶了韩翠屏，说起红叶之事，不胜感慨。蜀女之飘梧：指《梧桐叶》中记载的西蜀人任继图与妻李云英分手之情景，后来李云英题诗在梧桐叶上，被任继图捡得而团圆。奴无昆仑：是说传奇《昆仑奴》中记载，有一昆仑奴为主人抢得所爱的女子一事。客无黄衫：指传奇《霍小玉传》中有一穿黄衫的壮士将负心郎劫去见霍小玉一事。知己无押衙：指《无双传》传奇中古押衙帮助无双与王仙客成亲之事。

缩不尽相思地　补不完离恨天

※ 原文

费长房缩不尽相思地，女娲氏补不完离恨天。

※ 译文

即使有传说中费长房的缩地法术，也无法将相思的距离拉近；即使有女娲氏补天之术，也补不了离别的情天。

※ 评析

《神仙传》中说，东汉的费长房曾从壶公学道，壶公问他想学什么，费长房说，要把全世界都看遍，壶公就给了他一根缩地鞭。其鞭能挞众鬼、袪百病，又能使缩地术。费长房有了这根缩地鞭，想到哪里，就可用缩地鞭缩到眼前。女娲传说是上古帝王，人类始祖之一。据说当时天上缺了一块，女娲于是炼出五彩石将缺口补好。

情爱的相思之苦，即使有缩地鞭，也不能将相思两人的距离缩短。离恨的愁苦，即使有女娲的五色石，也难将离恨天补圆。所以情天恨海只能由相思的人去细细品味了。那些为爱苦苦挣扎的痴情人如果能够看透情爱，便会少几分愁苦，要是深陷爱情中不能自拔，便难以在情网中获得解脱。

可魂系梦萦　不失魂落魄

※ 原文

枕边梦去心亦去，醒后梦还心不还。

※ 译文

心随着梦境到达情人身边，醒来之后心却留在情人身边不肯归来。

※ 评析

日有所思，夜有所梦。如果一个人白天想的事太多，晚上就会难以入眠，即使进入了梦境，心也会随梦而去，如果是思念情人，心也就到达情人身边，在梦中尽情享受重逢的快乐与幸福。可是梦醒之后，心却留在梦中情人身旁，不肯归来。痴情能致梦中情，就更难回到现实中来了。魂牵梦绕，醒来仍是梦，这是多么痛苦可悲的事啊！与其如此，何不放下相思心，去感悟大自然的春华秋实。

在爱情的天地中，我们无法改变别人去顺从自己的心愿，但我们可以改变自己的爱情观，可以学着慢慢看透爱情背后的真相，想方设法让自己不迷恋其中。就像徐志摩所说的一样：我将于茫茫人海中追寻我生命中之唯一伴侣，得之，我幸；不得，我命。

醉卧美人旁　欲念不曾动

※ 原文

阮籍邻家少妇有美色，当垆沽酒，籍常诣饮，醉便卧其侧。隔帘闻坠钗声，而不动念者，此人不痴则慧。我幸在不痴不慧中。

※ 译文

阮籍邻家有个少妇，十分美貌，以卖酒为业，阮籍常去饮酒，醉了便睡在她的身旁。隔着帘子听见玉钗落下的声音，而心中不起邪念的人，不是痴人便是绝顶聪明的人。幸亏我是个不痴不慧的人。

※ 评析

阮籍是三国时期的魏国人，曾任步兵校尉，善弹琴，好长啸，与嵇康等并称“竹林七贤”。他爱好美色不露声色，而藏于心中，能够做到坐怀不乱心志的人往往才是真君子，就像阮籍这样才华横溢、性情豪放的怪诞之人一样。据《世说新语》记载，阮籍的邻居中有一位貌美的少妇，开着酒铺卖酒，阮籍常与王安丰等人前去少妇那里买酒喝，喝醉了就睡在少妇的旁边，少妇的丈夫开始怀疑他有什么邪念，仔细观察才发现他并没有什么恶意。

以上这则故事正说明真君子会让自己的内心不再遭受情爱的折磨，能够随缘而定，随遇而安。如果不是阮籍这种极慧之人，不要说听到钗玉落地的声音，哪怕只是睹其背影，都会生出邪念来。

慈悲筏济人　恩爱梯接人

※ 原文

慈悲筏济人出相思海，恩爱梯接人下离恨天。

※ 译文

用慈悲做筏可以渡人驶出相思的苦海，用恩爱做梯子可以使人走出离恨的天地。

※ 评析

佛家讲慈悲，因为慈悲是人的最好武器，因为慈悲筏可以济人出苦海，慈悲之心可以规劝芸芸众生放弃满腹的情欲、心中的贪婪。相思之情深广辽阔，就像大海一样，由于我们时常被情爱所困，那些相思泪便长流不止，使大海之水永不干涸，但由于凡夫俗子在情海中苦苦挣扎而不能得到解脱，又如何能消受得起？爱极成恨，终成泡影，当梦幻破灭后，该如何走出离恨之天呢？所以有情人只有在慈悲之下才能脱离苦海，在永远恩爱中才能走出离恨天。

情爱是痛苦的泥淖，一旦陷入其中就难以自拔，我们在走得进的同时，也能出得来，方可不被情所困，真正享受到爱情的趣味与格调。

花柳深藏　雨云不入

※ 原文

花柳深藏淑女居，何殊三千弱水；雨云不入襄王梦，空忆十二巫山。

※ 译文

美丽贤淑的女子深居在花丛柳荫处，就像蓬莱之外三千里的弱水一样，难以渡到对岸；行云布雨的女神，不到襄王的梦里，只是空想巫山十二峰，又有什么用呢？

※ 评析

三千弱水：据说古代蓬莱原在海中，难以到达，相传曾有仙女泛海而来。后一道士说："蓬莱弱水三千里，非飞仙女不可到。"雨云：指巫山云雨的典故。楚国宋玉作《高唐赋》，叙述了楚襄王在高唐梦见巫山神女自愿献身的故事，神女离去时留言说："妾在巫山之阳，高丘之阴，旦为行云，暮为行雨，朝朝暮暮，阳台之下。"据《神女赋·序》记载，后来楚襄王在此云游之时，夜里与神女在梦中相遇，那情景甚为壮观美丽。

可见落花有意，但流水无情。居住在令人羡慕的花柳丛中的美丽女子，好似那蓬莱远隔三千里，是我们可望而不可求的。虽然巫山神女十二峰令人心生幻想，可是神女不入梦中又有什么办法呢？

天若有情　天亦衰老

※ 原文

黄叶无风自落，秋云不雨长阴。天若有情天亦老，摇摇幽恨难禁。惆怅旧人如梦，觉来无处追寻。

※ 译文

黄叶在无风时也会自然飘落，秋日虽不下雨却总弥漫着乌云。如果天有感情，那么也会因情愁而衰老的，心中无所依着的怨恨真是难以承受啊！回想曾经的欢乐，仿佛在梦中一般，可醒来后却又到哪里去寻觅呢？

※ 评析

为情所困，为爱流泪，所以愁怨难解。秋风吹来，黄叶凋零，更添几分愁情。天本无情，所以天不会老，人为情愁，哪能不愁肠寸断？旧时的欢欣已如梦不在，又何必去过多留恋？与其为爱如此费神劳力，倒不如放下不切实际的幻想与渴望，去享受一下被爱松绑后的轻松与快乐。与其勉强维持苦涩的关系，不如坦白相告，各自寻觅相知的伴侣；与其借酒消愁，不如挥刀斩断情丝，从痛苦的深渊中解脱出来。

常言道，强闯少不免逆流，不如随缘而定，守好自己的那片缘分天空。只要我们相信自己有爱，用真心对待，就会拥有美好的明天。

小玉与西施　飞烟与尘弥

※ 原文

吴妖小玉飞作烟，越艳西施化为土。

※ 译文

吴宫妖艳的美女小玉已经化作烟尘，四处飘散了；越国美丽的西施也已成为黄土，融入自然了。

※ 评析

吴妖小玉：传说吴王夫差的小女儿名叫紫玉，爱上了韩重，想嫁给韩重却未能如愿，后来便气结而死。死后韩重前来为她吊丧，紫玉现出人形，韩重想抱住她，结果她却化作烟雾飘散而去。越艳西施：有古代“四大美女”之称的越国西施为天下绝色美人，一颦一笑都惹人心动，有一女子想模仿西施，还曾留下“东施效颦”的典故。当时越王勾践战败，范蠡献计将西施送给吴王夫差，以迷乱其心志，致使吴王疏于朝政，后来被越国打败，成了亡国之君。真可谓“范蠡忍心将爱千里送，西施忍辱只因救国梦”呀！

美丽的女子往往薄命，红颜也终有褪尽的一天。即使是像小玉那么美丽的女子，也只能化作烟尘而去；纵然是越国西施那样的绝色佳人，最终也化为尘土一堆。情爱如同烟尘一般，沉陷其中必受其伤害。

杨柳凝别恨　阳关诉离肠

※ 原文

几条杨柳，沾来多少啼痕；三叠阳关，唱彻古今离恨。

※ 译文

送别折下的几条柳枝，沾上了多少离人的泪水；阳关三叠的乐曲，唱尽了古今分离时的幽怨。

※ 评析

杨柳自古以来是赠别之物，离别时折柳为赠，致以送别之情。自古离别最是伤感，生离死别中就更饱含了许多哀怨。《诗经》中有“昔我往矣，杨柳依依；今我来矣，雨雪霏霏”的诗句；刘禹锡有《竹枝词》：“杨柳青青江水平，闻郎江上踏歌声。东边日出西边雨，道是无晴却有晴。”但离别也有豪迈之情，如王维的“劝君更进一杯酒，西出阳关无故人”，李白的“孤帆远影碧空尽，惟见长江天际流”，虽然其中也有苍凉之意，但更多的是出于心灵深处的鼓励。

《阳关三叠》是乐曲名，阳关是古地名，是古代出关的必经之地，在今甘肃西南。唐代王维作《渭城曲》，后人为之谱乐，作为送别之曲，由于至阳关句，反复咏唱，故称为“阳关三叠”。

弄柳拈花　处处销魂

※ 原文

弄绿绮之琴，焉得文君之听；濡彩毫之笔，难描京兆之眉；瞻云望月，无非凄怆之声；弄柳拈花，尽是销魂之处。

※ 译文

拨弄着名为绿绮的琴，如何才能招来文君之类的女子来听？蘸湿了画眉的彩笔，难以描画像张敞所绘的眉线；举首遥望天山的浮动明月，听到的无非是凄惨悲凉的声音；攀柳摘花，处处是魂梦无依的地方。

※ 评析

真心难收，真情难求呀！

绿绮是司马相如的琴名。司马相如，字长卿，西汉著名的辞赋家，他作了很多赋，至今尚有《子虚》《上林》等名篇传世。他的文章首尾温丽，但构思淹迟；内容控引天地，错综古今，大多忽然而起兴，几百日而后成。

司马相如与临邛县令王吉到富人卓王孙家做客，当时卓王孙的女儿卓文君新寡在家，由于她精通琴艺，司马相如便弹奏了一曲《凤求凰》招引文君。当天夜里，卓文君就和司马相如私奔而去，因为卓王孙不同意他们的婚事，司马相如夫妇俩便流浪在外，以卖酒为生。

京兆之眉，汉代张敞任京兆尹之职，夫妻之间很恩爱，他曾在家中亲自为妻子画眉，还为此遭到嘲笑，但他不为所动，可见张敞对妻子的情意是至深至诚的。

豆蔻不消恨　丁香空结愁

※ 原文

豆蔻不消心上恨，丁香空结雨中愁。

※ 译文

豆蔻年华的少女难消心中的幽恨，空将心中的忧愁系结在雨中绽放的丁香花上。

※ 评析

豆蔻：植物名，又名含胎花，因其花生长在叶间，常用来比喻妙龄少女。丁香：植物名，又名鸡舌香，其果实由两片状如鸡舌的子叶合抱，犹如同心结。

豆蔻年华的少女，本应是天真纯洁的，不应有愁有恨，然而却对空结在雨中的丁香花生起气来，这该是多么纯真的情窦初开，若是情人有知，应该倍加珍惜呵护啊！李伯玉诗云："青鸟不传云外信，丁香空结雨中愁。"丁香为结，娇嫩美丽，楚楚动人，但因所盼之人没有来到，已经使人感到惆怅无比了，更何况是杜牧《赠别诗》中"娉娉袅袅十三余，豆蔻梢头二月初"的大好年华呢！

情人说痴话　痴情是真情

※ 原文

填平湘岸都栽竹，截住巫山不放云。

※ 译文

把湘水的两岸都填平，种满斑竹；把巫山的浮云截住，不放其飘走。

※ 评析

这是对情真意切的留恋和歌颂，其中隐含湘妃与巫山神女两个典故。

竹：即指湘妃竹，借指忠贞的爱情。相传上古时舜娶了尧的两个女儿娥皇、女英为妻，舜南巡到苍梧死后，娥皇、女英痛哭而死，死后化作湘水之神，她们的眼泪由于洒在了竹子上，便成了湘竹上的斑点，故湘竹又称斑竹。白居易有诗“杜鹃声似哭，湘竹斑如血”。

巫山之云：意指男女相恋。楚国宋的《高唐赋》中记载：楚襄王于高唐梦见巫山神女自愿献身的故事，神女离去曾言曰：“妾在巫山之阳，高丘之阴，旦为行云，暮为行雨，朝朝暮暮，阳台之下。”朝为行云、暮为行雨，大胆而痴情的想象，以填平湘水、截住巫山来表达对爱情的忠贞不渝，可见痴情之心达到何等地步！

顾影自怜无用　心动不如行动

※ 原文

那忍重看娃鬓绿，终期一遇黄衫客。

※ 译文

怎忍心镜前反复赏玩这美丽的容颜和乌亮的秀发，只希望能像霍小玉那样遇到一位黄衫壮士。

※ 评析

娃鬓绿是指美丽女子的秀美头发。娃是吴地对美女的称谓。黄衫为黄色的衣衫。

唐代传奇《霍小玉传》中记载：身为妓女的霍小玉爱上了一名叫李十郎的男子，但可惜李十郎是个负心汉，辜负了小玉的一片痴心。后来有一黄衫壮士强把李十郎抱到了霍小玉的住所，使小玉见了负心人一面。小玉对李十郎说：“我为女子，薄命如斯；君是丈夫，负心若此！韶颜稚齿，饮恨而终。慈母在堂，不能供养。绮罗弦管，从此永休。征痛黄泉，皆君所致。李君李君，今当永诀。我死之后，必为厉鬼。使君妻妾，终日不安！”

古语常说：“痴情女子薄情郎。”女子痴情，多是命短之人，所以总是盼望着能得到解脱，可是在女子地位十分低下的古代，即使有黄衫这样的侠义之士能帮得了霍小玉，又有谁能真正救得了那么多的薄命女之命呢？

化石而立　千古情魂

※ 原文

幽情化而石立，怨风结而冢青；千古空闺之感，顿令薄幸惊魂。

※ 译文

一腔深情化为伫立的望夫石，一缕哀怨的幽情凝成坟上草；千古以来独守空闺的怨恨，真令负心的男子心惊。

※ 评析

石立：指痴情的女子为了盼望服役丈夫早日归来，便整天站在路口遥望，最后化为石头的故事。冢青：指昭君坟。王昭君是汉代时湖北秭归人，后被选入宫中，由于她自恃美貌过人，不愿向宫中画师韩延寿送礼，以致皇帝见不到她的真实美貌。后来选送昭君塞外和亲时，元帝见到昭君后才后悔不已，因此将韩延寿杀掉了。据说昭君死后，冤气不散，早晚都有愁云怨雾笼罩在坟上。

对夫君一往情深，至死不渝，遥望夫归，最终变成了石头立于路口；怨恨皇帝不识佳颜而让其远嫁，死后坟上长满青草为其鸣不平。痴情的女子为了心上人，倾尽心血，古来这样的故事感人至深，怎能不使那些薄情的男子羞愧难当呢？真可谓是痴情女子负心汉啊！

良缘易合　知己难投

※ 原文

良缘易合，红叶亦可为媒；知己难投，白璧未能获主。

※ 译文

美满的姻缘容易结合，所以红叶也可以成为媒人；如果知己难以投合，即使白玉也难遇到赏识的人。

※ 评析

凡事随缘而定，便可随遇而安。如果无缘，纵然擦肩而过也不会相识，正所谓有缘千里来相会，无缘对面不相逢。高山流水，知音难求。但愿天下有情人都能够终成眷属。

红叶做媒：唐僖宗时宫女韩翠屏曾在红叶上题诗，红叶被流水冲到宫外，学士于祐捡到后，又在红叶上题诗流回宫中，韩翠屏又重新得到了这片红叶。后来宫中放出三千宫女，于祐也终于娶得了韩翠屏。

白璧：春秋时期的楚国人卞和，在荆山得到了玉石，当献给楚厉王和楚武王时，他们不但不认识玉石，还以为被卞和欺骗，便分别砍去了他的左右脚，卞和为玉不被人识而抱着玉石在荆山下痛哭，后来楚文王过问此事，让人琢出了美玉，这便是后来著名的和氏璧。

鸟沾红雨　不任娇啼

※ 原文

蝶憩香风，尚多芳梦；鸟沾红雨，不任娇啼。

※ 译文

当蝴蝶沐浴在春暖日和的气息中时，梦境还是芬芳美好的；当落花无情地飘洒在鸟的羽毛上时，那凄切哀婉的叫声就更显得悲凉了。

※ 评析

青春是美好的，在无限的春光中我们享受着青春年少的芬芳之梦和快乐，充满了对爱情的无限追求与渴望，在融融暖意中享受造物主营造的柔情蜜意和长相厮守，是多么令人流连忘返啊！可是狂风疾雨不识这如梦的情趣，更不会珍惜我们的海誓山盟，疯狂地摧残盛放的花枝，致使落英缤纷，杜鹃为此泣血，其娇愁的悲鸣之声让人不忍心听下去。

岁月易逝，春光难留。我们谁也不能永葆青春，就像那盛开的鲜花一样，总有枯萎凋谢的时刻。在有限的生命中，我们不如也像那蜂蝶一般尽情地玩耍，去品味一番生活中的快乐，即使时光在我们身边无情地流逝，我们也不会感到后悔了，因为我们珍惜了生命中的每一寸光阴。

饮罢相思水　方识相思情

※ 原文

无端饮却相思水，不信相思想杀人。

※ 译文

无缘无故地饮下了相思之水，不相信相思真会使人想念至死。

※ 评析

千里姻缘一线牵，缘本是上天注定的，如果有缘无情，或者是有情无缘的话，是很痛苦的事。关于爱情，很多事是无法说清楚的，会无缘无故真心地喜欢上某人，无缘无故认识他，无缘无故牵挂他。心中无尽的相思，自己都无法说得清楚，无法摆脱，心不随缘，却又落在了缘中。想摆脱又不能，想离弃又不舍，真是使人苦恼不已。

缘分已到尽头，而情却难舍难分，这种在爱情海中苦苦挣扎的滋味真是让人难以忍受，难怪说“为伊消得人憔悴，衣带渐宽终不悔”。当初有缘饮相思水，本想陶醉其中一时，却不曾想只是那么一滴，便要让自己受一辈子的煎熬。无端饮了这杯苦酒，既无道理可言，也无结局可言，岂不令人愁肠寸断，哀怨无限？

多情成恋　薄命何嗟

※ 原文

陌上繁华，两岸春风轻柳絮；闺中寂寞，一窗夜雨瘦梨花。芳草归迟，青骢别易；多情成恋，薄命何嗟。要亦人各有心，非关女德善怨。

※ 译文

路旁鲜花盛开，河流两岸的春风吹起柳絮；深闺中的寂寞，宛如一夜风雨后的梨花，使人迅速消瘦。骑着马儿分别是很容易的事，但望断芳草路途，人却迟迟不归；就因多情而依依不舍，慨叹命苦又有何用？人的心中各怀有情意，并非是女人天生就善于怨恨。

※ 评析

离别绪，千古哀怨，如此寂寞的情感确是闺中女子难以忍耐的。芳草萋萋，虽然美景依旧像从前那样美丽，但情人却已远去，心也追之而去，以致人瘦比黄花，只愿远行的男儿能早日归来。

清冷的闺阁是纯情女子思念情郎的地方，她们为了等待在外风流的负心汉，宁可独守空房，直到红颜老去。但她们所盼的旧梦重圆日，再续曾经天荒地老、海誓山盟的时刻，却一直未曾到来，让世人怎能不可怜这些薄命的女子呢？但命苦又有什么用呢？等待的心上人不能归来，自己的愁苦无人诉说，这一天天的爱恋与一夜夜的思念何时能够终结呀？怪只怪旧时社会的妇女地位低下，痴心者又多是女子。

清风好伴　明月故人

※ 原文

幽堂昼深，清风忽来好伴；虚窗夜朗，明月不减故人。

※ 译文

幽静的厅堂，使白天显得更加漫长，忽然吹来一阵清风，仿佛是知己伴侣来到身旁；推开虚掩的窗子，看到夜色清朗，月光当空，就像老朋友一样，情意一点都没有减少。

※ 评析

明月千里寄相思。李白曾有诗曰：举杯邀明月，对影成三人。能够以明月为伴，共饮杯中酒，其情怀是何等的豪放洒脱，真不愧为浪漫主义大诗人。再如王维在《山居秋暝》中所说：明月松间照，清泉石上流。这笔下的景色显得如此地幽静清明、美丽宜人，此等超然之境也非一般人所能体会。

文人的雅趣，重在内心的情感丰富，能够找到寄托情感的事物，在他们的内心里，天地万物都是富有情感的，都与我们人性有着相通的地方。白天在幽静的厅堂中，没有良友做伴，确实感到寂寞难耐，但所幸一阵清风徐来，吹拂面颊，似有玉指拂面的快意；夜色之中，似有凄清之感，所幸月光如老友照在窗前，不减故人情意，这是多么地给人安慰，使人心底充满了感激与快意。

在人生这个大舞台上，我们并不总是有舞伴的，或者我们舞得正欢，舞伴突然走了，那就让我们以繁星或明月为伴，远离悲伤、愤懑，或是孤独之感，更不可从此停止舞动的脚步。

听得春花秋月语　识得如云似水心

※ 原文

初弹如珠后如缕，一声两声落花雨。诉尽平生云水心，尽是春花秋月语。

※ 译文

琴声初落下时像珠落玉盘，之后又如绵绵细丝一样，偶尔蹦出一两声。似乎要将平生似水柔情全部倾诉，仔细谛听又都是春天百花齐放或秋天月明星稀下的柔声细语。

※ 评析

一个心中充满无限情感的人，也会把自己的感受传达给周围许多事物，从而感觉外界处处有情。这种情绪的互动，我们也可以从音乐中感受到。从《高山流水》中我们明白了知音难觅的渴望；从《十面埋伏》中我们感到了决战时刻的紧张；从《梅花三弄》中我们领悟了借物咏怀的心声。你可能为《二泉映月》哭过，你也可能为《百鸟朝凤》笑过，可见不同的音乐就能让我们有不同的感受。

落花时节的琴声，像在倾诉着人们对良辰美景的眷恋，又像是抒发着内心深处的愁苦与哀怨，就连那春花秋月也能勾起人们无限的情思之苦。绵绵细雨，滴落在美丽的花瓣上，触景生情后，使人心碎不已，因为此情此景使人联想到自己曾经拥有过的浪漫情怀，虽然早已是明日黄花，但细心品味，一丝温馨之感仍存心头。

峭篇

苍蝇附骥，捷则捷矣，难辞处后之羞；茑萝依松，高则高矣，未免仰扳之耻。所以君子宁以风霜自挟，毋为鱼鸟亲人。

边陲封疆缩地　中庭歌舞犹喧

※ 原文

今天下皆妇人矣。封疆缩其地，而中庭之歌舞犹喧；战血枯其人，而满座之貂蝉自若。我辈书生，既无诛乱讨贼之柄，而一片报国之忱，惟于寸楮尺字间见之，使天下之须眉而妇人者，亦耸然有起色。

※ 译文

当今天下的男儿都如同妇人一般。眼看着国土逐渐沦丧，然而厅堂中仍是歌舞喧嚣；战场上战士因血流尽而枯干了，而满朝的官员仿佛无事一般。我们这些读书人，既然没有平叛讨逆的权柄，而一片报效国家的赤诚之心，只能在白纸黑字上表现出来，使天下那些身为男子却似妇人的人，能够触动而有所改进。

※ 评析

乱世之中，有报国之心，却无报国之门的书生发出了忧国忧民的声音。面对山河的沦陷，国家即将灭亡的处境，只因自己是个文弱书生，手无缚鸡之力，身无御卒之权，也只能在洁白的纸上写下自己的悲愤，希望当权者能有所触动。沙场上的战士在前线杀敌卖命，报效国家，可腐败的朝廷中却笙箫歌舞，满朝文武官员偎坐在舞女身边，仿佛什么事情都不曾发生一样，怎不让人痛恨呢？

不过此处把朝廷的软弱无能比喻为徒长须眉的妇人，未免有些偏颇，实际上中国古代也有许多巾帼英雄，如花木兰替父从军，穆桂英挂帅出征，都是巾帼不让须眉的代表，她们也为天下女子做出了光辉的榜样。

人应通古今　士要知廉耻

※ 原文

人不通古今，襟裾马牛；士不晓廉耻，衣冠狗彘。

※ 译文

人不通晓古今变化的道理，那就像穿着衣服的牛马一样；读书人不明白廉耻，那就是穿衣戴帽的猪狗。

※ 评析

古人认为为人处世要明礼、义、廉、耻之理，因为这是为人的基本道德规范，其实这也是人区别于动物的根本所在，因为人类不仅会劳动，还明事理，有廉耻之心。从古到今，人类代代相传，留下了许多做人的道理，这是一笔宝贵的精神财富，如果人不去学习这些做人的道理，整天得过且过，无所作为，那无异于行尸走肉、酒囊饭袋，和那些牛马又有什么区别呢？不就是多了一身衣服披在身上嘛！

现实生活中的读书求学之人，更应该严格要求自己，知礼仪，懂廉耻，走正道。如果心术不正，违背做人的准则，出卖自己的人格，甚至利用自己的权力去行违法乱纪之事，那真是衣冠禽兽了。

宁以风霜自挟　毋为鱼鸟亲人

※ 原文

苍蝇附骥，捷则捷矣，难辞处后之羞；茑萝依松，高则高矣，未免仰扳之耻。所以君子宁以风霜自挟，毋为鱼鸟亲人。

※ 译文

苍蝇依附在马尾上，速度固然很快，但却无法避免依附在马屁股上的羞耻；茑萝缠绕着松树生长，固然爬得很高，却免不了有攀附依赖的耻辱。因此，君子宁愿在风霜雨雪中自力更生，也不愿像缸中鱼、笼中鸟一般亲附于人。

※ 评析

苍蝇之类的小昆虫即使不停地飞舞，最多也飞不过数十米远，但是它如果依附在骏马的尾巴上，就可以跟随其达到日行千里、夜走八百的速度；茑萝这种草本植物没有挺拔的枝干，所以便依附在松柏的枝条上生长，可以爬到很高的位置。因此，自然界中各种生物之间，有着某种天然的关系，这对它们各自的生存发展来说是必要的。

不过做人应另当别论，如果我们随波逐流、缺少主见，甚至把自己的命运寄于别人手中，那就失去了生存的意义。人生路要靠我们自己去开拓、去跋涉，唯有走自己的路才能让我们活得更坦然自在，更具生命的意义，所以我们应有一种独立、洁身自好的精神，以鼓舞我们不断奋进。

无位之公卿　有爵之乞丐

※ 原文

平民种德施惠，是无位之公卿；仕夫贪财好货，乃有爵之乞丐。

※ 译文

普通百姓如果能广施恩德，多行善事，便可以称作没有官位的公卿；做官之人贪图财利，就是有官位的乞丐。

※ 评析

人的高低贵贱，关键不是取决于其地位有多高、钱财有多少，而是看其一生做了些什么，是否拥有高尚的道德情操和修养。

平民百姓，虽然没有高官显位和大量的钱财，但他们却有善良的心灵，知道依照天理人伦来做事，能够布施恩德于人，多行善事，那么这样的老百姓就比有职位的官员更受人钦佩。如果高高在上的官员只贪图功名利禄，只知道利用手中权力将天下的财产据为己有，取些不义之财，做些不义之事的话，那么即使地位再高，也会像乞丐一样没有人格，也像禽兽一样没有人性，活着遭世人背后的唾弃，死后只能留下千古骂名。

失足一恨　悔之千古

※ 原文

一失足为千古恨，再回头是百年人。

※ 译文

一旦不慎犯下错误便会造成终生的遗憾；发现后再回头，却已是时过境迁难以挽回了。

※ 评析

一着不慎，满盘皆输。人生犯下的很多错误都是由于自己一时疏忽导致的，所以往往在一两步之间就可能会改变一个人的命运。走对了下一步，就可能会铸就我们辉煌的人生；走错了下一步，就可能会让我们遗憾终生，造成一辈子都无法弥补的损失。

人非圣贤，孰能无过。但我们做事要谨慎小心，尽量减少过失，避免出现大的过错。生命本来短暂，试想百年之后，我们又能拥有什么呢？如果因一时失足把大好时光都浪费了，这不仅给我们带来肉体上的痛苦和心灵上的创伤，还会葬送大好青春。所以我们应随时注意自己的脚下，看清行进的方向，用心去走，走出一条虽曲折但前途很光明的路来。

圣贤托日月　天地现风雷

※ 原文

圣贤不白之衷，托之日月；天地不平之气，托之风雷。

※ 译文

圣贤之人不曾表明自己的心意，是想托付于日月昭示；天地间因不公平而生的怒气，已托付给风雷显示。

※ 评析

日月亘古不变，给人类带来光明；天地万古常新，使人类生生不息。虽然圣贤之人通达天地之间的事理，但他们的心情也时而欢乐、时而哀愁，当难以言表自己内心感情的时候，只能托付于日月，寄情于草木。希望人们能够走出黑暗的笼罩，迎来理想的光明，以日月的光辉来温暖世人的心田，为人类带来无尽的幸福。

人间有不平之事，不平则鸣，必有为之申冤之时。窦娥含冤而去，六月纷飞雪以示冤情；岳飞风波亭遇难，但留下一世英名自有后人称道。可见清者自清，浊者自浊，黑白总是分明的。人间虽有不平事，但公平是永远不会泯灭的，只要人人都坚守自己的公平正直之心，社会便会充满祥和之气。

不因怨而失愿　不因财而伤才

※ 原文

亲兄弟折箸，璧合翻作瓜分；士大夫爱钱，书香化为铜臭。

※ 译文

亲兄弟不团结，就如同价值连城的一组美玉分散开来，没有了真正的价值；读书人爱财，就会使浓郁的书香转化为铜钱的臭气。

※ 评析

箸就是筷子，折箸，指兄弟不和；璧就是美玉，璧合，是两块玉合在一起，比喻有价值的东西。有这样一个故事：一个老翁在临死前将自己的几个儿子叫到床前，让他们试试是一根筷子容易折断，还是一把筷子容易折断，儿子们从中悟出：只有兄弟们团结一心，和睦相处，才会更有力量、更强大。老翁听后才放心离世。

打仗亲兄弟，上阵父子兵。兄弟之情如同手足，岂能分开？只有团结一致，共同努力，才会发挥其最大的效力，如果不和睦，那就如同落地的碎玉，还有什么价值可言。

天下皆人品。读书人应该知道淡泊名利、不贪图荣华富贵的道理，因为读书是为了求知明理、报效祖国。读书也是至高至雅之乐，还应做到学以致用，造福百姓，才不枉为读书人。读书人爱财也要取之有道，如果见钱眼开，就会使书香变为铜臭，辱没了读书人的称谓，与市井之徒也就毫无分别了。

身不束心　名不束人

※ 原文

心为形役，尘世马牛；身被名牵，樊笼鸡鹜。

※ 译文

如果心灵成为形体的奴隶，那就像是活在人间的牛马；如果人被名声所束缚，那就像笼中的鸡鸭一样没有自由。

※ 评析

心是快乐之本，人通过六根（目、耳、鼻、舌、身、意）感知外界的六尘（色、声、香、味、触、法），以更好地认识世界、了解世界。心为其各感官的中枢神经，所以万事必决断于心。如果人的行为离开心的正确引导，只是不断地满足各种感官刺激的需要，那就是形体指挥思维，与动物也就没有什么差别了。

每个人都希望自己拥有好的名声，如果一心只为求取好名声而活，被其牵着鼻子走，就完全失去自由的心性了，身心必定不能自主，就如笼中鸟、缸中鱼一样失去了自由。

待人余恩　处事余智

※ 原文

待人而留有余不尽之恩，可以维系无厌之人心；御事而留有余不尽之智，可以提防不测之事变。

※ 译文

对待他人要留有永不会竭尽的恩惠，才可以维系永不会满足的人心；处理事情留有余地而不是竭尽智能，才可以提防无法预测的变故发生。

※ 评析

做任何事都应留有余地，如果把事情做绝了，连退路都没有，那必会结下许多仇怨。

对于一般的人际交往而言，需要一些小恩小惠作为润滑剂，才能建立并维持良好的人际关系，因为人心是难以满足的，恩惠要留有余地，细水长流，才能维系无厌的人心。

处理事情要留有余地，批评一个人言语且不可过于激烈，甚至一棍子打死。留些情面，给对方改过自新的机会，浪子回头金不换，这才是教育他人的正确方式。智能不可用尽，否则物极必反，所以宁可不足，不要盈余，一旦遇到突发的事变，就有足够的准备和心智来应付。

既要拿得起　又能放得下

※ 原文

宇宙内事，要担当，又要善摆脱。不担当，则无经世之事业；不摆脱，则无出世之襟期。

※ 译文

世间的事，既要能够承担责任，又要善于解脱束缚。不能承担责任，就无法担负改造世界的事业；不善于解脱，就没有超出世间的襟怀。

※ 评析

为人处世必要明白舍得之理。先有舍才有得，不舍不得，小舍小得，大舍大得，舍即是得。舍是得的基础，将欲取之，必先予之，无舍尽得谓之贪，此万恶之首也。领悟了舍得之道，对做人做事有莫大的益处。做人，应该抛弃贪婪、虚伪、浮华、自私，力求真诚、善良、平和、大气。

人生的价值与意义体现在自己承担的责任与义务中，只有能够为社会的发展和人类的进步做出贡献，建立起应有的功业，才算不枉此生。然而世间的事情总是充满磨难，面对漫漫人生路上的种种关卡，人不免会感到厌倦，甚至消磨斗志，这时就要有高远的志向、宽广的胸怀，站得高，才可看得远，进得去，才能出得来。善于解脱心中的烦忧，不改进取的初衷才能永葆改造世界的心志。

认假不得真　卖巧还藏拙

※ 原文

任他极有见识，看得假认不得真；随你极有聪明，卖得巧藏不得拙。

※ 译文

不管他有多么高深的见识，却看得到假处看不到真处；随你多么聪明，却只能表现巧妙之处而掩藏不住笨拙。

※ 评析

透过现象看本质，这是哲学格言，也是生活中的哲理，就如歌中所唱：“故事里的事说是就是不是也是，故事里的事说不是就不是是也不是。”世界上有许多真实和虚假的东西混杂，亦真亦假，让人难以分辨，即使有再高明的见识也不一定就能看得清楚。

巧和拙是相对的。有些自作聪明的人，常常以玩弄手段来取笑他人，显示自己的高明。实际上看似聪明，但其卖弄却正好暴露了自己的肤浅与无知；而有些看似愚笨的人却是大智若愚，虽然他们表面给人傻里傻气的印象，但内心里却忠诚正直、善良无私，这样的人才是真正的智者。

量晴较雨　弄月嘲风

※ 原文

种两顷附郭田，量晴较雨；寻几个知心友，弄月嘲风。

※ 译文

在城郊耕种几块土地，预测天气的阴晴变化；寻几位知心的好友，共赏明月清风，一同吟诗作赋。

※ 评析

作者在这里描绘了一种悠闲自得的生活情趣，逍遥自在、自娱自乐的休闲境界实在令人向往。在城外找几块良田，种上一畦佳禾和些许花草树木，不但衣食无忧，还可观赏无限的美景，岂不悠哉？如果再结交几个志同道合的朋友，偶尔邀请到自己的田园中来，一起饮酒赋诗，舞文弄墨，借明月抒发自己热爱生活的情怀，借清风寄托自己积极进取的态度，真是其乐无穷呀！然而在现实中又去哪里寻找如此令人向往的地方呢？不免让人生出一丝对生活的无奈。

由此可见，将自己的归宿寄托于田园风光，虽不失闲逸浪漫，但实际上却是不甘寂寞的写照。真正的追求，还是在赏风弄月之中。不断寻找进取的机会，以便再展宏图，恐怕这才是作者的寓意所在。

弃俗得仙　舍仙得道

※ 原文

放得俗人心下，方可为丈夫；放得丈夫心下，方名为仙佛；放得仙佛心下，方名为得道。

※ 译文

能够将世俗之心放下，才能算作真正的大丈夫；放得下大丈夫之心，方能称为仙佛；放得下成仙成佛之心，才能彻悟世间的真相。

※ 评析

事物的发展都是循序渐进、按部就班来进行的。如果没有基础就想一步登天，就如脱了线的风筝一样，即使飞得再高，但最终结果是摔个粉身碎骨。

从平凡到大丈夫，从大丈夫到成仙佛，从成仙佛到得道，这就是修炼心性由低到高的几个层次。所谓大丈夫，就是富贵不能淫，威武不能屈，贫贱不能移。大丈夫渴望立功建业，干一番惊天动地的事业，成为世人敬仰的英雄。但佛家认为世事纷争，战火频繁往往是功利之心驱使的，只有收敛欲望，让迷失归途的心灵回归本性，才可放下屠刀，立地成佛，百姓才会安居乐业，国家才会繁荣昌盛。更进一层说，虽成仙佛，但只有做到心无牵挂，视名利如过眼云烟，才可称真正得道。如果仍是心有余念，凡心不改的话，也只是空有仙佛之名罢了。

修身养性可立命　人情练达天意通

※ 原文

执拗者福轻，而圆融之人其禄必厚；操切者寿夭，而宽厚之士其年必长。故君子不言命，养性即所以立命；亦不言天，尽人自可以回天。

※ 译文

性格固执的人福分微薄，而性格灵活通融的人福气大；急躁的人寿命很短，而宽容敦厚的人寿命很长。所以通达事理的君子不说命，只要通过修养身心便可安身立命；也不必谈论天意，而是凭借能力去改变天意。

※ 评析

人们常说："生死由命，富贵在天。"那是因为他们主宰不了自己的命运。一个人的福分禄命，往往与他的性情有关系。因为福气不是吃喝玩乐、富贵名利，而是一种和平安宁的生活，是一个人精神上能够保持快乐。性情执拗的人稍有违逆不顺之事便会大发雷霆，或者自关禁闭，这样怎么还能经常保持自己精神的愉快呢？同样，一个人如果操守峻切，不能容人，禀性急躁，一遇到麻烦就会跟人较上劲来，又如何能够延年益寿呢？

所以说在很多情况下，一个人的性格往往决定着他的命运走向，因为对待生活的态度不同，便会有不同的结局。固执己见、顽固不化的人，脾气暴戾、度量狭小的人，难以顺应时代潮流发展的需要。三国的张飞性情暴躁乖戾，周瑜争强好胜，结果都是有福难享。性格温顺平和，别人才会愿意与我们交往；遇事随机应变的人，才能够获得更多成功的好机遇，才会享受更大的福禄。

从身心健康上来看：急躁者内心的阴阳之气难以协调，就容易引发多种疾病，所以容易早夭；宽厚待人者心气平和，便有利于延年益寿。故此，修养性情也就是安身立命，只要自己能够去适应环境，适时改变，命运就可以掌握在我们手中。

达人离险境　俗子沉苦海

※ 原文

达人撒手悬崖，俗子沉身苦海。

※ 译文

通达生命之道的人能够在悬崖边缘放手离去；凡夫俗子则沉溺在世间的苦海中不能自拔。

※ 评析

悬崖与苦海都是人生之路上的危险境地，而对困境的不同态度正是通达事理的人与凡夫俗子的分界线。无事不找事，有事不怕事，临危不慌乱，而且危险处能悬崖勒马，正显出达人的本性。

通达天命的人，胸襟宽阔，知道生命的短暂，懂得在生命的历程中有很多艰难曲折，需要以理智平和的心态去对待，去驾驭生命之舟，这样才能临危不乱，站稳脚跟，豁达乐观地走完生命之路。而凡夫俗子多是那些没有远见卓识、浅尝辄止的人，整天沉溺在尘世的杂务中无法摆脱烦恼，使身心疲惫不堪。他们又怎能在逆境中找到通往成功的道路呢？最后就只能在苦海中沉沦颓废了。

浮名梦中蝶　幻而本非真

※ 原文

身世浮名，余以梦蝶视之，断不受肉眼相看。

※ 译文

人世间的浮名，我当作庄周梦蝶去看待，绝不用世俗的眼光看待它。

※ 评析

《庄子·齐物论》中记载：“昔者庄周梦为蝴蝶，栩栩然蝴蝶也，自喻适志与！不知周也。俄然觉，则蘧蘧然周也。不知周之梦为蝴蝶与，蝴蝶之梦为周与？周与蝴蝶，则必有分，此之谓物化。”庄周梦蝶是一则浪漫的寓言故事，给我们的启示就是：在很多时候，许多虚幻的东西倒成了真实的，真实的东西也许是虚幻的。就像生命，从无到有，又从有到无，生命中的情境，也许有刻骨铭心的爱恋，也许有痛哭流涕的伤心，但时过境迁之后，一切都像是昨日的一场梦。生命、经历如此，名与利、得与失更是如此。

生活中有些事物仿佛就在眼前，但极力捕捉后仍然得不到，让人琢磨不透它到底是真是假。就像我们生活中执着追求的东西一样，没有时总想得到，可一旦得到后才知它并不像我们想象的那么美好。

只有百折不回　才可万变不穷

※ 原文

士人有百折不回之真心，才有万变不穷之妙用。

※ 译文

一个人真正具有百折不挠的坚强意志，才能在碰到任何变化时都有应对自如的办法。

※ 评析

铁杵磨成针，功到自然成。唐代大诗人李白曾遇见一位老妪在河边磨一根铁棒，李白很奇怪，询问老妪这是为何。老妪说：我打算把这根铁棒磨成一根针。李白大为惊讶，说：这么粗的铁棒什么时候才能够磨成一根针呀？老妪说：我只要不停地磨下去，总有一天会磨成针的。

坚强的意志、百折不挠的精神是人们走向成功的必备条件。如果做事朝三暮四，三天打鱼两天晒网的话，那什么事也做不好。或者遇到困难时就缩手缩脚，停止不前，甚至产生放弃的念头，结果只会一事无成。有恒心、有毅力，碰到再大的困难都能迎头而上，找出解决问题的办法，这样才可以不变应万变，达到功成名就。

面对困难和失败时，我们可以哭泣，可以失望，但千万不可以绝望，因为绝望意味着死亡。只要我们一息尚存，就不应该停下前进的脚步，因为你的人生还没有到尽头。

实地着脚　虚处立基

※ 原文

立业建功，事事要从实地着脚，若少慕声闻，便成伪果；讲道修德，念念要从虚处立基，若稍计功效，便落尘情。

※ 译文

开创事业建立功名，都要有脚踏实地扎扎实实的作风；如果稍有一点追求虚名的念头，就会造成虚伪不实的后果。探究事理修炼心性，时刻都要在安身立命之处打好基础；如果稍有一点计较功利得失的思想，便落入俗套了。

※ 评析

要想建立功业、有所作为，关键在于要有实际的能力。首先要做到识大体、顾大局，只有做到总揽全局，才不会顾此失彼；其次就是从小处着手，奠定良好的基础，因为只有地基打得牢固，才可以建造出高楼大厦来。如果幻想平步青云，一步登天，那建成的只能是空中楼阁，就像墙上芦苇，头重脚轻根底浅，经不住风雨飘摇；如果所作所为只是为了求取名利，那么也不会修成正果，只能是华而不实的伪君子。

修身养性，要从安身立命处着想，抛弃世俗的杂念，才能达到修行的彼岸，如果稍有功利之心阻碍，就很可能会因他人的影响而偏离修养的目的，从而沦为凡夫俗子。

兢兢业业心思　潇潇洒洒趣味

※ 原文

学者有假兢业的心思，又要有假潇洒的趣味。

※ 译文

求学的人既要有认真对待学业的心态，又要有灵活多变的学习趣味。

※ 评析

“假”在此非虚假之意，而是假借、凭借的意思。做学问不但要一丝不苟、勤勤恳恳，还要注重培养自己的学习兴趣和爱好，这样才可求得真学问，取得真成就。

虽然学习是没有捷径可走的，但却有许多好的方法值得我们去借鉴。学习的基础是勤奋的态度和严谨的作风，这样才能拥有广博的知识、全面的才能，才能学有所成。如果将学习看作是一种沉重的包袱，感到无尽的压力，就没有必要了。读书既要爱读书，同时又切记不能像书呆子一样读死书、死读书。只知读书，却不求甚解，根本无法获得真知。同时还要有多方面的生活情趣，如果饱读诗书却无一点应变能力，那只能是无用的“学究”了。

无事时提防　有事时镇定

※ 原文

无事如有事时提防，可以弭意外之变；有事如无事时镇定，可以销局中之危。

※ 译文

在平安无事时要像有事时一样，有所提防，才能消除意外事故的发生；在发生危机时要像无事时一样，时刻保持镇定，才能消除危险的发生。

※ 评析

许多事情的发生往往都在预料之外，所以让我们经常遭受很大的损失，但这与我们的准备不足也是有很大关系的。无论看似多平稳的事，我们都要有所提防，以起到未雨绸缪、防微杜渐的效果。平时把眼光放长远，而不是只盯住眼前的利益，对于可能出现隐患的地方要细微观察，切不可疏忽大意。在危急之时，也不必惊慌失措，而是镇定应对，以消除祸患，即使有损失也要尽力降到最低点。

我们应该牢记“居安思危”的古训，即使身处顺境也要时刻预防各种意外事件的发生，做好应变的准备，一旦发生危急情况，也能应付自如，不致忙中出错，乱上添乱。

穷通未遇局已定　老疾未到关已破

※ 原文

穷通之境未遭，主持之局已定；老病之势未催，生死之关先破。求之今人，谁堪语此？

※ 译文

在还未遭受贫穷或显达的境遇时，就已看透生命的真相，这是明了人生真谛的人；在还未受到年老和疾病的折磨时，便已悟透了对生与死的认识。面对今天社会上的芸芸众生，我能和谁谈论这些问题呢？

※ 评析

许多人总是在失去以后才想再拥有，或者是在离别之后才想再回首，到那时才知悔之晚矣，不免感叹岁月无情，生命短暂。总是经过生命的挫折后，才能看透生命的真谛；总是在历尽坎坷后，才知道应该怎样珍惜生活。也许等到年至不惑时，虽有所悟，却已过了青春年华的最好时机，岂不让人悲叹？所以能够做一个先知先觉的人，从明白了人生之路时就应树立自己的人生目标，把有限的生命投入到无限的事业中去，才能充分体现生命的价值，才能在生死关口毫不犹豫地说：我的生命没有虚度，我为自己生命所绽放的光彩而感到骄傲。

虽然生命的存在不易，其结局也并不神秘，但在这有限的生命中能够展现自我、把握生命方向的人却很少。

秋叶难辞枝　野鸟犹恋巢

※ 原文

枝头秋叶，将落犹然恋树；檐前野鸟，除死方得离笼。人之处世，可怜如此。

※ 译文

树枝上的黄叶，在秋天将要落下时还依恋着枝头不忍离去；屋檐下的野鸟，直到死时，才能摆脱关锁它的牢笼。人活在世上，可怜也像这秋叶与野鸟一般。

※ 评析

秋风中黄叶枯干，在风中摇曳欲坠，仍眷恋着枝条不舍；鸟儿被关在笼中，直到死去，才能返归自然。

人生在世，有时就如那败落的枯叶、不自由的鸟儿一样可怜可叹。生时总不能忘怀名利，死时还对家业恋恋不舍，留恋着生活中的荣华富贵，让身心遭受拖累，直到人生的最后一刻都无法获得解脱，真是可悲。叶黄而枯，那是自然的规律，而人是有自主性的动物，能够选择自己的生活方式，对于得与失、生与死、名与利，本应能拿得起，放得下，才会在纷纷扰扰的尘世中活得自由快活。如果为名利所累，死守不放，或由他人主宰自己的命运，就真是可悲至极了。

刚不胜柔　偏不融圆

※ 原文

舌存常见齿亡，刚强终不胜柔弱；户朽未闻枢蠹，偏执岂及乎圆融？

※ 译文

牙齿都掉光了，舌头还存在，可见刚强终是胜不过柔弱；门已朽坏时，却没有听说门轴被虫所蛀蚀，可见偏执岂能比得上圆融？

※ 评析

在斗争中紧握了拳头却不一定取得胜利，拳头若放开却能够拥抱四周；强闯不免遭遇逆流，但柔弱的水却可以载舟，这都体现了柔弱胜刚强、圆融胜于偏执的道理。老子就曾经指出过：“天下莫柔弱于水，而攻坚强者，莫之能胜，以其无以易之。弱之胜强，柔之胜刚。”柔，并非柔弱不堪，而是示柔以制其刚；弱，并非怯弱不振，而是示弱以制其强。所以说，柔是一种好品行，外示以柔弱，则人们愿意帮助；外示以刚强，则易成为人们怨恨的目标。

圆融胜于偏执，也是同样的道理。圆融将真意藏在心中，伸展自如，而偏执则棱角毕露，容易伤及他人。从现实社会来看，能够刚柔相济才是最高明的处世之道。

声应气求之夫　风行水上之文

※ 原文

声应气求之夫，决不在于寻行数墨之士；风行水上之文，决不在于一句一字之奇。

※ 译文

意气相投的至交好友，决不至于通过笔墨文章加以了解；行云流水一样通畅美妙的好文章，决不在于一字或一句的奇特。

※ 评析

与朋友相交，重在意气相投。若有相同的兴趣与爱好，哪怕在一个简单的举手投足之间，便可心领神会，何须用其他的多余枝节来表达人的心意志向，互相支持，这种默契，是无须用语言来形容的，更不必运用笔墨来表达这种心意相通的境界，真可谓心有灵犀一点通。

文章本天成，妙手偶得之。想写出好的文章，绝不在于华丽的辞藻和一两处的佳句，而是作者对生活的有感而发，是内心灵感的爆发；更不在于做成之后的刀砍斧削。力求文句佳美的文章，不免有矫揉造作之态，最多是文字游戏而已，其内容也必定空洞无物，难以表达深刻的思想内容，更难看到作者思想的火花。

以学问摄躁　以德性融偏

※ 原文

才智英敏者，宜以学问摄其躁；气节激昂者，当以德性融其偏。

※ 译文

才华和智能敏捷出色的人，应该用学问来理顺浮躁之气；志向和气节激烈昂扬的人，应当加强品德的修养来消融他偏激的性情。

※ 评析

头脑反应敏捷的人，天资聪颖，做事容易决断却不爱多加考虑，因此容易犯浮躁不实的毛病，往往志大才疏。那些才智并不那么聪慧的人，办起事来，却因为自知笨拙，所以不会莽撞，反而会小心翼翼，最终却能够把大事办成。历史上，生活中，多少有天才而且很聪明的人，却因为自己的浮躁而浅尝辄止。他们对任何东西都懂，但却都不精通，甚至一事无成，让人感到惋惜和遗憾！这些人应从做学问上下功夫，奠定扎实的基础，天分加上勤奋，才能成为真正的栋梁之材，否则就会出现智者早夭的悲剧。

拥有某一方面长处的人，一定会有某一方面的短处。事物都是在不断地克服自己的短处当中前进和发展的。人们总是不愿意走向反面，那么唯一的办法，就是消除反面的因素以达到平衡，保持中庸，再向好的一面努力。

气性急迫高昂的人，疾恶如仇，由于行事鲁莽而不够稳健，做事偏执而不懂得变通，所以往往走极端，因此应该有意识地消磨一些个性，培养沉着稳重的德行，纠正偏激的毛病，这样才能得到社会更多的了解与认可。

居官有山林气　野外有理国才

※ 原文

居轩冕之中，要有山林的气味；处林泉之下，常怀廊庙的经纶。

※ 译文

身处高官显位之时，必须要有山林隐士那种清高的品格；闲居在野的居士和隐者，也应常怀有治理国家的韬略。

※ 评析

先天下之忧而忧，后天下之乐而乐。在朝为官的人，不能自命清高，沾染官僚主义的不良习气，失去了闲士的平常心；在外作为平民百姓，也不能两耳不闻窗外事，一心只过自家的安稳日子，要时刻关心国家社稷，讨论治国安邦的文韬武略，为国家献计献策。

拥有高官厚禄的人，容易被荣华富贵迷失本性，沾染上许多物念，一旦贪婪心过重，就容易丧失节操，失去真正的自我，所以权势在手还要保持自然的品性，有淡泊名利的思想，以调节身心、修养性情。在野外隐居的士人，也不是完全脱离了尘世，尽管过着桃花源般的生活，但不可有懒惰懈怠心理，只知享受自己的清福，却不再过问世事。

少言语以当贵　多著述以当富

※ 原文

少言语以当贵，多著述以当富，载清名以当车，咀英华以当肉。

※ 译文

以少说话为贵，以多著书立说为富，把纯洁的名声当作车，把美好的文章当作肉。

※ 评析

沉默是金。话多未必就能表明自己多才多智。相反，病从口入，祸从口出。如果言语过多，很有可能给自己带来灾祸。在竞争激烈的社会中，重在实际行动，做出成绩，这样才能体现你的真才实学。如果一言能中的，字字珠玑，岂不是更有自尊，哪里需要不着边际地夸夸其谈？所以说与其将自己的学问停留在嘴上，不如编著在书中留传后世，成为人类文化的宝贵财富，因为精神上的富有才是真正的富有。

车马美食是物质享受的重要方面，但绝不是我们生命的全部。雁过留声，人过留名，人总该留给后人点什么，如果虚度一生，那就毫无价值可言了。把对一生清名的追求当作车，把读有益的文章当作盛宴，让心灵之车载上丰盛的精神食粮，岂不是更高尚的追求？

须负刚强　当坚苦志

※ 原文

要做男子，须负刚肠；欲学古人，当坚苦志。

※ 译文

要想做个大丈夫，必须有刚直不阿的心肠；要想学习古人，应有坚定磨炼筋骨的意志。

※ 评析

想做男子汉、大丈夫，就要充满正气，能够在生活中伸张正义，遇到不平之事时敢于拔刀相助；遇到困难危险时能够安危处之。古人说：“天将降大任于斯人也，必先苦其心志，劳其筋骨，饿其体肤，空乏其身。”司马光在宋哲宗时为相，被封为温国公，宋范祖禹作司马温公《布衾铭》记载说：“公一室萧然，图书盈几竟日静坐，泊如也，又以圆木为警枕，少睡则枕转而觉，乃起读书。”可见古人追求学问是何等艰辛，当回头审视我们自己时，在大好的学习环境中还不好好珍惜时光，把握机会，是否有愧对祖先的感觉呢？

清贫自乐　美色成空

※ 原文

荷钱榆荚，飞来都作青蚨；柔玉温香，观想可成白骨。

※ 译文

荷叶和榆荚，飞来都可成为金钱；柔美香艳的女子，在想象中也只是白骨一堆。

※ 评析

荷钱榆荚：荷叶初生时，形小如钱，故称荷钱。榆树到春天，枝间便生榆荚，形状似钱，亦称榆钱。荷钱榆荚，这里指代一切金钱。青蚨：钱的别名。青蚨原是干宝《搜神记》中记载的一种虫子，据说捉住母虫，子虫就飞来；捉住子虫，母虫就飞来，将母虫和子虫的血涂在八十一文钱上，无论是先使用母钱或先使用子钱，钱都会自动飞回来。柔玉温香，指美丽的女子。

世人多贪恋金钱和美色，古代就有人幻想金钱能够用过再飞回来，又编出许多美女佳人缠绵的故事。

实际上，钱只是身外之物，能够不为钱所迷是一种真境界。口袋里没钱，心里也没钱的人不感到困难；口袋里没钱，存折里也没钱，但心里有钱的人才是最困难的；而那些口袋里有钱，银行里有更多的钱，但心中却没钱的人是最幸福的。美女虽令人销魂，可终有人老珠黄的一天，死后原不过是白骨一堆，事先能看破，就可从贪婪的痴迷中解脱出来了。

烦恼场空空　营求念绝绝

※ 原文

烦恼场空，身住清凉世界；营求念绝，心归自在乾坤。

※ 译文

将烦恼的红尘看破了，便是生活在清凉无比的世界中；钻营求取的念头断绝了，心就生活在自由自在的天地间。

※ 评析

清凉世界是比喻去除身心烦恼的世界。自在乾坤是指自由自在的时空。

世人的烦恼都来自于自己心中无边的欲望，这欲望便是苦海。有人为了金钱，以身试法，终身陷囹圄；有人为了美女，抛妻别子，最后人财两空。如果少些欲望，多些安然，就会活得轻松自在。“安禅何必需山水，灭却心头火亦凉。”

人们生活在这个世界上，如果不能看轻名利，就会整天被烦恼、困惑、忧愁所包围，那么就犹如生活在一个火热的牢笼中，一刻都不能安宁。

斜阳树下谈禅　深雪堂中论人

※ 原文

斜阳树下，闲随老衲清谈；深雪堂中，戏与骚人白战。

※ 译文

斜阳夕照时，在树下闲适地与老僧谈禅论道；大雪纷飞的时节，在厅堂内与诗人文士作诗取乐。

※ 评析

白战：本指徒手作战，此处比喻作禁体诗。宋欧阳修、苏轼等会客吟诗，禁用体物语某某字为诗料，以角笔力。因为诗家以体物为工巧，废而不用，就如徒手相搏，手无寸铁一样，所以作禁体诗被戏称为“白战”。

生活的闲适与快乐要自己寻找、自己感悟。有的人面对斜阳西照，发出“夕阳无限好，只是近黄昏”的感慨，有的人面对大雪纷飞，感到的只是无限的凄凉与冷清。然而热爱生活的人，会找到斜阳树下与老僧谈论佛理的闲适，会在大雪纷飞之中找到与文人墨客吟诗作赋的雅趣。其实快乐的心情时时可以拥有，美丽的景色处处可以看到，关键是我们缺少那份快乐的心境和一双发现美的眼睛。

宁为真士夫　不为假道学

※ 原文

宁为真士夫，不为假道学；宁为兰摧玉折，不作萧敷艾荣。

※ 译文

宁可做一个真正的君子，也不愿做一个假装有道德学问的先生；宁愿像兰花美玉那样被摧残，也不愿像草萧和艾蒿那样长得繁茂。

※ 评析

假道学：道学指宋明理学，假道学则指拘泥于天理人欲而言行卑劣、处世迂腐的人。“宁为兰摧玉折，不作萧敷艾荣”出自《世说新语·言语》：“毛伯成负其才气，常称‘宁为兰摧玉折，不作萧敷艾荣’。”读书人不能只注重学问，也必须重视道德，如果空读诗书，品德不足，那不过是一个假道学先生罢了。

追求美好的德行，宁可做兰花芳草被摧折，也不做贱草茂盛生长。晋代诗人陶渊明曾做过彭泽县令，他为官清正廉洁，不骚扰百姓，日子过得悠闲自在。一天郡里派督邮来彭泽视察，其他官员都劝他重礼相迎，陶渊明抛掉官印，气恼地说：“我可不为五斗米折腰。”之后，他隐居终南山，过着淡泊的田园生活。如今像陶渊明这样的清高之人不多了，但满口假话、满口仁义道德，内心却充满邪恶，只看他人的短处却不要求自己的“挂榜圣贤”之人却屡见不鲜。

我们要活得真实，不仅对他人负责，也要对自己负责，不堕青云之志，走出一条属于自己的路来，心随所愿地生活。

觑破兴衰究竟　人我得失冰消

※ 原文

觑破兴衰究竟，人我得失冰消；阅尽寂寞繁华，豪杰心肠灰冷。

※ 译文

看破了人间兴盛衰败的真相，那么种种得失之心就能像冰块一样消融；看尽了冷清寂寞和奢侈繁华，要做天下英雄豪杰的心肠便会如死灰般冷却。

※ 评析

做事要有先见之明，站得高才能看得远，才能够洞察透彻尘世的种种变化，少一些得失之心，就能以静制动，以不变应万变了。

人们总是在孤独与欢快的变化中生活，事物总是在兴盛与衰败的交替中变化。孤独或衰败时，便沉沦颓废、意志消沉；欢快兴盛时，便精神振奋、兴高采烈。如果世人都能看透兴衰与苦乐的无常变化，便不会受外界环境影响了。没有了兴盛繁华时的得意忘形，也没有了衰败寂寞时的心灰意冷，一切都源于自己内心感受的迸发，那是何等惬意呀！

名山不乏侣　好景有好诗

※ 原文

名山乏侣，不解壁上芒鞋；好景无诗，虚携囊中锦字。

※ 译文

知名的山川胜地，如没有合意的伴侣，那么宁可将草鞋挂在墙上，也绝不出游；面对美好景致，如果没有好诗助兴，即使怀中抱着锦囊，收藏有好文字，又有何用呢？

※ 评析

朋友好交，知己难觅。像钟子期和俞伯牙这样的知音，天下难找第二对。游风景胜地，一定要与相知者结伴同游。因为感情需要交流和共鸣，与好友同游，才能体会人生至乐，所以纵有闲情逸致，纵有美景如画，如果难得知己，仍然是游兴索然。美景需要好的心情去感受，而咏物抒怀、吟诗作赋往往最能表达内心的感受，锦囊佳句应该歌咏这造物主的鬼斧神工，所以面对好景而无诗，岂不是辜负了这好山好水，浪费了锦囊中的好字吗？

有美景，无好侣伴游不行，有好侣伴游，无好诗吟诵也不行，看来古人游玩更注重情趣和心灵深处的感悟，不像现代人游玩的目的只是为了放松心情或是留个纪念，很少有精神的追求和心灵的感悟。

一技天下　吃遍南北

※ 原文

是技皆可成名天下，惟无技之人最苦；片技即足自立天下，惟多技之人最劳。

※ 译文

只要有专门的技能，就可以在世上建立声名，只有那些无一技之长的人活得最痛苦；只要掌握一种技艺便足以在天下自立，反而有多种技能的人生活得很辛劳。

※ 评析

世上没有全才，有全才就成了人中之王了，所以上天便把“全”字下面的王去掉，剩下的就只是“人”才了。闻道有先后，术业有专攻。人并不一定要有全面知识，只要有一技之长便可立足于天下。如果凡事皆涉及，结果就事事皆浅尝辄止，难以取得好成绩。如果专精一门为天下所独有的功夫，就自然具备了成名的基础，谋生就更不成问题了。常言说“荒年饿不死手艺人”，就是这个道理。

俗话说“能者多劳”，但若是一个人身怀技艺太多，不仅为学习技艺所花费的精力较旁人多，择业时也会眼花缭乱，总是下不了决心去从事哪一方面的工作，更谈不上在某一方面有所成就了。

才士不妨泛驾　诤臣岂合模棱

※ 原文

着履登山，翠微中独逢老衲；乘桴浮海，雪浪里群傍闲鸥。才士不妨泛驾，辕下驹吾弗愿也；诤臣岂合模棱，殿上虎君无尤焉。

※ 译文

脚穿草鞋攀登高山，在青翠的山色中独自行走时遇见了老僧；坐着小船泛舟海上，雪白的浪花中看到了成群飞翔的海鸥。有才能的人不妨到处游览一番，像车辕下马驹那样的生活不是我所愿意的；直言敢谏的臣子怎能说一些模棱两可的话呢？面对殿上如老虎一般威风的君王你不要有怨尤。

※ 评析

泛驾：翻车。《汉书·武帝纪》：“夫泛驾之马，跅弛之士。亦在御之而已。”此处指不受控制。辕下驹：车辕下的小马。此处指观望畏缩不敢言动的人。

读万卷书，行千里路。到山川江海泛游，体会大自然的无限美景，是多么浪漫自在的心灵享受啊！独自行走在山间小道上，遇到高僧的指点，这是多么富有意味的生活啊！乘船泛游海上，与飞翔的海鸥嬉戏，这是多么浪漫的情趣啊！如果能在这种自然清新、俗念顿消的环境中生活，我们宁可做一个潇洒自由的人，也不愿去受那种车辕下马驹所受的束缚。

敢于直谏的忠臣，从国家利益出发，不计较个人生死，何必说话还吞吞吐吐呢？

宁为薄幸狂夫　不做厚颜君子

※ 原文

吟诗劣于讲书，骂座恶于足恭。两而揆之，宁为薄幸狂夫，不作厚颜君子。

※ 译文

吟诗不如讲解书中的道理收获大，在座上破口大骂当然比恭敬待人要恶劣。但两相比较之下，宁愿做个轻薄的狂人，也不做个厚脸皮的君子。

※ 评析

一些轻薄狂放之人，经常在公众场合无所顾忌地做出些让人难以忍受的事情来，也许在常人看来，这样的行为举止违反了常礼，但与那些过分谦恭、矫揉造作、满口假话的假道学相比，倒来得率真，因为他们直言不讳，不会违心地说些假话，一切都是真情实感的流露。

有些人说话故意卖弄或伪装做作，碰到强者点头哈腰地说软话，碰到弱者趾高气扬地说硬话，给人虚伪不实的印象。就像我们平常生活中遇到的人一样，有些人显得无所顾忌，毫无城府，但为人却豪爽仗义，热情诚恳，只要你了解他，原谅他过于率真可能造成的尴尬情况，你们便会成为好朋友。而那种表面显得一本正经、举止得体的人，常常让人敬而远之，因为他们骨子里到底是什么样的性格，谁也说不清楚，反而让人产生了戒备的心理。

看尽人间鬼　才作《北风图》

※ 原文

魑魅满前，笑著阮家无鬼论；炎嚣阅世，愁披刘氏《北风图》。气夺山川，色结烟霞。

※ 译文

世上充满了阴险如鬼之徒，因此对阮瞻主张无鬼论觉得可笑；看着这纷乱攘攘的人世，在心中充满忧愁时观览刘褒的《北风图》，只觉得它的气势盖过了山川，墨色凝结了烟霞。

※ 评析

魑、魅都是传说中鬼的名字。阮家指晋代人阮瞻，他曾提出无鬼论的主张，认为天下无人能与之辩驳。一天有位客人与他辩论，双方论战很艰苦，情急中那位客人说："古今圣贤都认为鬼神的存在，为什么唯独你说没有？我就是鬼。"于是倒在地上，不一会就幻灭了，阮瞻大为惊恐，一年后就病死了。这里借阴间之"鬼"来谴责人间如鬼的阴险之徒。

《北风图》是用来反衬人间热衷于争名夺利的喧嚣。刘氏指汉代刘褒，东汉桓帝时的画家，他曾画《云汉图》，人观之而觉热；又作《北风图》，其中意趣深远，笔墨精练，人们看了这幅图都觉得很凉爽。世人都在为名利奔走，犹如置身于热火沸汤中，可否去看看刘氏的《北风图》，看心头的欲火是否会熄灭，得到一丝清凉呢？

至音不合众听　至宝不同众好

※ 原文

至音不合众听，故伯牙绝弦；至宝不同众好，故卞和泣玉。

※ 译文

格调最高的音乐不合一般人的口味，所以伯牙便摔断了琴弦；最珍贵的宝物不能被一般人所发现，因此卞和为宝玉而哭泣。

※ 评析

曲高和寡，知音难觅。春秋时，伯牙善于弹琴，可是能听懂的人不多，只有钟子期善于聆听：伯牙意在高山，钟子期就说巍巍乎如高山；伯牙意在流水，钟子期就说潺潺如流水。钟子期死后，伯牙摔断琴弦，再也不弹琴了。

卞和是战国时楚国人，他在荆山上得到一块璞玉，相继献给楚厉王、楚武王，厉王、武王不识玉，认为他欺君，分别砍去他的左右脚，卞和为玉不被人所识而在荆山下痛哭，后文王让人得此美玉，遂称为和氏璧。

伯牙绝弦、卞和泣玉，说明比音乐更珍贵的是知音，比和氏璧更珍贵的是理解和信任。

梦中说真话　或可是真人

※ 原文

世人白昼作寐语，苟能寐中作白昼语，可谓常惺惺矣。

※ 译文

世上的人在白天里竟说梦话，如果能在睡梦中讲清醒时该讲的话，就可以说是能常保清醒头脑了。

※ 评析

世间最让人厌烦的就是那些只知讲空话，却不办实事的人，这种人多眼高手低，华而不实，一天到晚在人前张牙舞爪，但一到关键时刻就默不作声了。有些人一天讲了不少话，但其中多数是废话、昏话、空话、客套话，这些话很少有实际意义，回顾一天所讲的话，仿佛都是梦中呓语。如果在梦中能够知道清醒时该说的话，而不为梦所迷，就像处在一个喧嚣的世界，而不迷失方向一样，也许这个人才是真正清醒的。

人的一生，就像自然中的四季一样，会有春夏秋冬，会有花开花落。在青年的时候，我们往往有很多的梦想，就像春天的花儿一样。精力充沛，总在为自己畅想着美好的未来；等到了垂暮之年，剩下的时日已经不多，只有对以往事情的回忆了，梦想便自然消逝了。

胸无火炎冰兢　时有月到风来

※ 原文

拨开世上尘氛，胸中自无火炎冰兢；消却心中鄙吝，眼前时有月到风来。

※ 译文

如果能够将世界上凡俗纷扰的气氛搁置一边，那么心中就不会有像火烧一样的焦灼，也不会有如履薄冰般的胆战心惊；消除心中的卑鄙与吝啬，就可以感受到如同清风明月一般的心境。

※ 评析

智者善于享受生活，而不是被它牵着鼻子走。现代人之所以说生活痛苦，是因为不能把自己的心放下，而被世俗的尘缘纷扰。想得到的得不到，强烈的渴望使人心如同被火烧灼般难受，怕失去的又失去了，痛心的失落令人如同走在薄冰上一样恐惧不安。只有放弃了对名利的追求，胸中之火自然会熄灭，胸中之冰自然会消融。

若无闲事挂心头，便是人间好时节。胸怀开阔的人，抛却外在的攀缘与追逐，解脱妄念、烦恼的束缚，安于自然平易的生活，在平常之中悟得人生的真谛，自有清风明月在心中。而常有卑劣想法的人，被乌云遮住了双眼，心中笼罩上了一层迷雾，难以体会到清风明月的美好意境，所以及时净化自己那颗贪婪与迷惘的心灵，才能拨开乌云重见日出。

平常是生命的本源，平常心是生活的智慧。苛求现实功利，就会失去快乐，丧失自我。唯有在平淡凡俗的生活中，才能活得明白、活得精彩、活得自在。

草舍才子登玉堂　蓬门佳人造金屋

※ 原文

才子安心草舍者，足登玉堂；佳人适意蓬门者，堪贮金屋。

※ 译文

有才华的读书人，如能安心居住在茅草搭成的屋子中，那么他一定能登入华屋高堂；美丽的女子能安心于贫穷之家，那么就值得建造金屋给她居住。

※ 评析

有才无德容易成为奸诈小人，有德无才容易成为愚拙之人。世上有才之人很多，有德之人也不少，但有才又有德，才德双全的人却很难得。如果怀抱天下之才，却又能过得茅舍生活，安贫乐道，潜心修身，视名利如烟云，视金钱如粪土，这才真正称得才德兼备。如果这样的人有朝一日身居再高的官位，也不会被浮云遮眼，必能以服务于天下大众为己任，有益于社会，造福于百姓。

美丽的女子往往自恃其美而疏于修德，易于投身富贵豪门而不愿下嫁贫贱之家。能嫁到门户低贱之家，看重将来的发展而不拘泥于一时贫贱的女子，才可谓内心最为美丽的女子，其德行更胜过其外表的美。实际上贫贱之家出英才，富贵之家出逆子，敢嫁贫贱之家的女子更有可能找到如意的郎君，共同开创似锦的前程。

传话者轻　好议者浅

※ 原文

喜传语者，不可与语；好议事者，不可图事。

※ 译文

喜欢把听到的话胡乱传播的人，不要与他讲重要的事情；喜欢评价议论事情的人，不要和他一起策划大事。

※ 评析

世上有些人无所事事，便好逞口舌之快。他们无中生有、捕风捉影，爱夸夸其谈，好节外生枝，整天东家长西家短地传话，议论与己无关的事。这样的人是虚伪不实的，最好不要将一些重要的事告诉他，否则他顷刻之间便会将之传遍天下，而且还不忘添油加醋，歪曲本意。

还有一种人特别爱打听消息，被戏称为“长舌妇”或“包打听”。对付这样的人有一个好方法，那就是保持沉默，一言不发。在丘吉尔身上就曾发生过这么一个故事：二次大战时，英国国会通过一项购买武器的预算方案。当表决通过后，丘吉尔走出会议室时被记者团团围住，有一名记者向丘吉尔询问关于此事的问题，丘吉尔将记者叫到耳边低声说：“你能保守这个秘密吗？”记者回答说：“能。”丘吉尔说：“我也能，先生。”丘吉尔轻松幽默地打发了这些“包打听”的职业记者。生活中这些长舌之人处处皆是，一不小心你就可能会中了他们的圈套，说出他们想要的消息，防不胜防。遇到此类人，最好的方法还是少开尊口，一言不发。

不留昨日之非　不执今日之是

※ 原文

昨日之非不可留，留之则根烬复萌，而尘情终累乎理趣；今日之是不可执，执之则渣滓未化，而理趣反转为欲根。

※ 译文

过去的错误不可留下一点，留下会像死灰复燃一样使错误再度萌生，从而因俗情而使理想趣味受到连累；今天认为正确的东西不可太执着，太执着就意味着未得到事物的精髓，反而使充满趣味的事理变成了追求欲望的根源。

※ 评析

要想彻底铲除旷野里的杂草，不是使用药物或镰刀就可以解决的，关键是要除根，消灭其存活的根源。针对我们曾经犯下的错误，不仅要改，还要在改的基础上杜绝其再次发生的可能。佛家讲究苦海无边，回头是岸。既然前事已非，何必再留念牵挂呢？有牵挂说明抛弃得不够彻底，还有再次复燃的可能，痛改前非才是上策。今天正确的事情，也不必过于执着，如果陷得太深，就会加重欲望；痴迷不舍，便会身心俱疲，在苦海中挣扎而不得解脱。

如悟道者所说："过去事，丢掉一节是一节；现在事，了去一节是一节；未来事，省去一节是一节。"不可过于执着，顺其自然才是明智之举。

应沉潜平实　勿哗众取宠

※ 原文

炫奇之疾，医以平易；英发之疾，医以深沉；阔大之疾，医以充实。

※ 译文

好以卖弄向人炫耀的毛病，要用简易平实来纠正；好表现外在聪明才智的毛病，要用深厚沉着来医治；言行迂阔、随意的毛病，要以充实内涵来改变。

※ 评析

世间哗众取宠之人不在少数，他们好面子，有了机会总想在人前卖弄一番，以显示自己的与众不同、高人一等，从而达到虚浮之心的满足感。在生活中，往往这类人没有脚踏实地的工作作风，喜好夸夸其谈地胡吹，来满足自己的虚荣心。这种人应该用平淡朴实的作风来加以纠正，使之放弃浮躁之心。

喜欢卖弄才智锋芒毕露的人，缺乏深厚沉着的功底，应该收敛自己的锋芒，避免树大招风，受人嫉妒。

爱不切实际说大话的人，内心不够充实，无真知灼见，缺少广博的知识和高尚的德行，所以应该充实内涵，加强学问品行的修养。

金无足赤，人无完人。一个人才能或品德方面的表现往往也是辩证的，在这方面突出，可能另一方面就存在一些缺陷，只要能够时刻反省自我，对自身错误主动予以纠正，就会变得越来越完美。

尘心减时　道念方生

※ 原文

人常想病时，则尘心便减；人常想死时，则道念自生。

※ 译文

人时常想到生病的痛苦，就会使凡俗的追求名利之心减少；人常常想到有死亡的那一天，那么追求永恒生命的念头便会自然而生。

※ 评析

世人为了追逐名利，建立一番事业而孜孜以求，永不停息，一旦遭受病痛折磨，才感受到生命是如此脆弱不堪。此时回首往事，就会自责当初何必为些凡俗的得失而斤斤计较，让自己苦恼不已呢？名利都是身外虚浮不实的东西，生不带来，死不带去，过多地追求又有什么好处呢？

人总是希望生命能够永恒，甚至盼望自己能够长生不老，这是多么荒唐可笑呀！死是人生的必然结果，如果一个人能够大彻大悟地看透生死，那么其他还有什么值得留恋的呢？所以倒不如学学古代的有智之士，看破生命这一层虚伪的表象，转而追求另一种更真实、更永恒的生命轨迹。

恩爱宝贵时　自思反省日

※ **原文**

恩爱，吾之仇也；富贵，身之累也。

※ **译文**

恩情爱意是我的仇敌；荣华富贵是身心的累赘。

※ **评析**

杜十娘怒沉百宝箱，使世人流下了感动的眼泪；陈圆圆与吴三桂轰轰烈烈的爱情，又打动了多少颗充满爱意的心。世间负心汉、薄情女演绎的悲情故事，多情郎、痴心女的绵绵愁思，令无数人洒下了同情的眼泪。人们都渴望拥有恩爱缠绵的感情，然而世间的恩爱情意在哪里呢？它不是被物欲的苦海所淹没，便是被世俗的尘念所冲淡。想追求真正的长相厮守却得不到，反被爱欲的苦果所拖累，原因就是看不清恩爱的本性。因为爱情本身就是一个无情的轮回，让人醉了醒，醒了又醉，与其沉迷其中长痛，不如抛却爱恨情仇的牵挂，化作短痛，去寻求心灵中一方清静之地，获得心灵的自由。

每个人都向往荣华富贵的生活，但追求荣华富贵的过程是艰苦的，有时还要昧着良心或是出卖灵魂，想要一生永葆荣华富贵更是难上加难，且看那些昔日的富豪之家至今仍在的有几个？荣华富贵只不过是身外之物罢了，抛弃了它，便可得一生的解脱，何必苦苦奢求呢？

得闲有书读　世间享清福

※ **原文**

人生有书可读，有暇得读，有资能读，又涵养之如不识字人，是谓善读书者。享世间清福，未有过于此也。

※ 译文

人的一生如果有书可读，又有空闲的时间读书，又有钱财去买书读，读了许多书又能使自己来去自如，而不被书中的文字所约束，就可以说是善于读书的人了。所谓享受世上的清福，也没有比这种福分更大的了。

※ 评析

古人说：“为善最乐，读书最佳。”可见读书是人生乐趣的最高境界。但不是每个人都能享受到如此乐趣的。只有那些真正会读书、爱读书的人，才能体会到其中的乐趣。有的人一天到晚处在奔波忙碌之中，哪有时间去静心读书呢？还有的人以抽不出时间为不读书的理由。其实一个真正爱读书的人，即使再忙也是有空暇去读书的。

有的人想读书，却为生计操劳，以没有足够的金钱买书来读为借口，于是便望书兴叹了；有的人即使有时间读书、有金钱买书，可是被书中的文字所束缚，进入书中不能跳出，纵然读书也是书呆子一个，结果将未读书时的那点情趣都消磨殆尽了，又怎能体会到书中的乐趣？所以能有时间读书、有金钱买书，又不尽信书，博览群书却仍怀有一颗平常心，才是真正的读书人的乐趣。

古人是非分明　今人真伪难辨

※ 原文

古之人，如陈玉石于市肆，瑕瑜不掩；今之人，如货古玩于时贾，真伪难知。

※ 译文

古代的人，就好像陈列在市场店铺之中的玉石一样，美丽与缺憾都不加以掩饰；当今的人，就好像向商人购买的古玩，是真是假难以分辨。

※ 评析

俗语说：人心不古。当今的人由于受利欲的熏染，缺少了朴实与真诚，一旦发现自己有错误时，不是及时地改正，而是拼命地文过饰非，使人看不清其本来面目，这与古人恰好相反。古人天性淳朴厚道，坦诚真实，所以自身的优点和缺点都能暴露给众人。

之所以有人心不古之说，一方面是由于古代生产力比较落后，经济水平不发达，也少有世俗利益的浸染，才会有淳朴的民风；另一方面是对当今市场经济下社会发展带来的各种行为价值观的变化无法适应，才会让人发出了今不如昔的感叹。

人类社会毕竟是不断向前发展的，从现代社会来看，丰富的物质生活和充实的精神文明都比远古有了突飞猛进的进步，但坑蒙拐骗、敲诈勒索的事也时有发生，让人好坏难辨、真假难分。其中不单单有假商品，还包括各种各样的人文观念和社会价值观，让人觉得云天雾地，真假难辨，身处纷繁的生活中，一定要时刻擦亮自己的眼睛。

己情不可纵　人情不可拂

※ 原文

己情不可纵，当用逆之法制之，其道在一忍字；

人情不可拂，当用顺之法制之，其道在一恕字。

※ 译文

本身的欲念不可放纵，应当用抑制的办法制止，主要的方法就在于一个“忍”字；他人所要求的事情不可拂逆，应当用顺应的办法控制，主要方法在一个“恕”字。

※ 评析

要想持家有方，维系家庭的和睦与兴旺，就必须培养成员的宽容与忍耐之心。唐代张公艺老人家在全盛时期人口过百，九世同居，一时被传为佳话。唐高宗颇为羡慕，便亲自到张公艺家中拜访，询问老人是如何拥有这么兴旺的家道，以及平常又是怎样化解相互间矛盾的。张公艺用手在桌上写了一个大大的“忍”字作答，可见，忍可以消除很多人际关系中的麻烦。

忍一时风平浪静，退一步海阔天空。遇事能忍者，必成大器。如放纵自身欲望的发展而不加以控制，日久必遭祸端。只有时刻遏制，才能得以修身养性，而不至于违背常理。对待他人则正好相反，要尽量给予宽容，对别人的要求，能满足的尽量给予满足，不能满足的，也要尽心尽力而为，即使是无理的要求，也要采取宽恕的态度，这样才是顺应了人之常情，才能够愉快地与人相处，在人生之路上就会多一些平坦，少一些崎岖。

天不禁人闲　人自不肯闲

※ 原文

人言天不禁人富贵，而禁人清闲，人自不闲耳。若能随遇而安，不图将来，不追既往，不蔽目前，何不清闲之有？

※ 译文

人们常说：上天不禁止人去追求和享受荣华富贵，但禁止人们过清闲自在的生活，其实是人们自己不愿意清闲下来罢了。如果一个人在任何环境下都自得其乐，不为将来去愁眉不展，不对过去的生活追悔不已，也不被眼前的功利所蒙蔽，这样哪能不清闲呢？

※ 评析

许多人总是埋怨生活累人，其实是我们的心累，只要把心放下，快乐与轻松会自然拥有。古语说：“天下熙熙，皆为利来；天下攘攘，皆为利往。”利当然是社会发展最有效的润滑剂，但就个人而言，怎样在保障自己生活质量的基础上，让自己的心灵和精神得到放松，可能是许多人忽视的问题。很多人有了钱，又想有更多的钱；有了房，又想要更大的房，何时才是止境，何时才能满足呢？

背负了岁月阴影的身躯走得太累，我们也该歇歇了，放下对功名利禄的无厌追求，好好享受一下生活的情趣吧！因为世界绝对不是想象的那般暗淡无光。

浮云有常情　流水意厚深

※ 原文

观世态之极幻，则浮云转有常情；咀世味之昏空，则流水翻多浓旨。

※ 译文

观察世间种种变化无常的情态，反而会感到天上浮云的变动比人情世态的剧变更有常情可循；咀嚼世间人情冷暖，倒不如看潺潺的流水更能使人品味其中的深厚情趣。

※ 评析

蓝天上飘逸的白云，似奔马，似群羊，似高山，似游丝，一切显得那么纯真而自在；清澈的泉水纤细柔弱，缓缓流淌，时而低吟，时而高亢，一路东去。自然界的变化都是这样明明白白、毫无掩饰地展现在我们面前，但人世间的变幻却令人无法捉摸，旧时王侯将相家的门前燕，如今却飞入了寻常百姓家；曾经驰骋疆场的英雄豪杰，享受富贵的帝王大臣，国色天香的佳人美女如今又在哪里？悲欢离合、喜怒哀乐接踵而至，循环不息，让我们难以把握自己的情绪。

世间情态变幻莫测，天地万物何时有、何时无使人琢磨不透，而沧海桑田的变化更是奇妙若幻影，人间的朝代也更迭不定，人似乎无法把握世间情态，找不出世态变幻的规律。但当看到空中飘动的浮云时，却让人似乎可以找出其变化的常情，“变”才是常情，“空”才是真旨，流水浪花的翻转中似乎也蕴藏着无尽的旨趣，令人兴味颇浓。

贫士立德　闹场静心

※ 原文

贫士肯济人，才是性天中惠泽；闹场能笃学，方为心地上工夫。

※ 译文

贫穷的人肯帮助他人，才是天性中的仁惠与德泽；在喧闹的环境中能笃实学习，才算是净化心境的真功夫。

※ 评析

富有的人，能够施舍给人是比较容易的事，而贫穷的人能够以财物助人却是很不容易的。有的人在物质上非常富有，心灵上却十分贫乏，不但毫无助人之心，反倒有害人之意，这就是为富不仁了。贫穷的人之所以乐于助人，是因为他有一颗善良的心，这就是人的本性中仁慈与恩泽的真实流露。富贵了不忘本，能拿出钱财与他人共享；贫穷了不自怜，仍以爱心对待他人，这才是真正具有高尚道德情操的人。

学习需要安静的环境，但能否静下来融入学习的情趣中去，在心而不在身。有的人佯装聚精会神，实则心猿意马，根本看不进书中的文字。有的人却能在喧闹的环境中静下心来踏实地学习，这种两耳不闻窗外事、一心只读圣贤书的精神才是求学者所需的真功夫。

心生一切　心灭一切

※ 原文

了心自了事，犹根拔而草不生；逃世不逃名，似膻存而蚋还集。

※ 译文

能在心中将事情作了结，才是真正将事情了结，就好像拔去根以后草不再生长一样；逃离了尘世却还有追求名利之心，就好像腥膻气味还存在，仍然会招来蚊蝇一样。

※ 评析

斩草必须除根，治病需要根治。要想抛却外缘的俗念，必须先从静心上下功夫。我们经常感到烦恼与忧愁，其原因就是心还有所牵挂，有所依恋，我们只有彻底斩断纠缠身心的痴心妄想，才可摆脱困扰，获得身心的解放。

逃避红尘而隐居在山林之中，妄想过着“采菊东篱下，悠然见南山”的逍遥生活，其实这是试图放弃尘世中的纷争和烦忧，虽然身远离尘世，但心却没有安静下来，仍然挂念着尘世间的是是非非，还是无法求得清净。只有做到一心了无牵挂，才可谓真正的隐居。

才鬼胜于顽仙　芳魂毒于虐祟

※ 原文

风流得意，则才鬼独胜顽仙；孽债为烦，则芳魂毒于虐祟。

※ 译文

论举止潇洒、风雅浪漫的情趣，那么有才气的鬼胜过冥顽不灵的仙人；谈到感情孽债的烦恼，那么美丽女子的芳魂比凶恶的鬼神还要可怕。

※ 评析

有的人表面慈眉善目，但内心却阴险毒辣；有的人表面生活得轻松快活，但实际上却疲惫不堪。风流得意，重在实而不在名。如果身为神仙，实则木讷无半点生气，又怎能谈得上潇洒呢？即使是冥冥中的鬼魂，如果具备风流意趣，也会有许多闲情逸致，故不在外表的名相，而在实际的内容。就如同一本好书，其价值体现在充实的内容中，而不是精美的封面上。

谈到感情，不过是一段折磨人的孽缘罢了，完全是由自己的心魔造成的，与外界毫无关系。由情才生怨，由怨才生恨，如魔如痴，谁也无法给予帮助。内心得不到解脱，必然会魂牵梦萦甚而憔悴不堪，所以将其称之为孽债。孽债不除，必遭报应，所以比恶鬼还要毒上十分。

不因人言而悟　不因外境而得

※ 原文

事理因人言而悟者，有悟还有迷，总不如自悟之了了；意兴从外境而得者，有得还有失，总不如自得之休休。

※ 译文

事物的道理通过他人的讲解才领悟，那么即使明白了，也一定还会有迷惑的时候，总不如自己领悟来得清楚明白；由外界环境而产生的意趣和兴味，得到了也还会再失去，总不如自得于心那样真正的快乐。

※ 评析

由老师点拨后才明白的道理，总没有自己领悟所得的深刻，由此可见，由心外而来的悟总不如自内心而发的悟来得透彻明白。外界施之于已，只能指点迷津，却不能扎根在心中，所以是不会保持长久的，还要靠自己去消化、培植，所以人常说求人不如求己，故我心自明才是真正明白。

由环境所得的兴趣，会随着环境的变化而不断地改变，只有发自内心的快乐心境，才是恒久的快乐，才会与我们一生相伴。所以使自己心情愉快的方法，不是要借助于环境，依靠于他人，而是从自己内心深处去自得其乐，去真正领悟快乐的真谛。不要忘了：唯有自己为自己开拓的路才是最适合自己的。

简淡出豪杰　忠孝成神仙

※ 原文

豪杰向简淡中求，神仙从忠孝上起。

※ 译文

想做豪杰志士，应从简朴平淡中入手；要想成神成仙，就得从忠孝开始做起。

※ 评析

做任何事都不可急于求成，如果想一蹴而就、一夕而成的话，必定会事与愿违，落个失败的下场。若要想成为天下瞩目的英雄豪杰，必须要经过一番艰难曲折的奋斗，从最平凡的小事着手，从最简朴的小处着眼，坚持不懈。平凡中能孕育出伟大，简单平实中便可造就豪杰。可见一切伟大皆出自平凡，在平稳中等待合适的机会才可造就英雄豪杰。

要救众生，首先要从自己最亲最爱的人做起，从基本的道德规范做起。父母之恩尚不能报，何谈帮助他人？国家的义务都不能尽到，又何谈得道？所以孝顺父母、尽忠报国是得道的最基本要求。空有美好的理想，却不从一点一滴处积累，无异于空中楼阁。

招客应断尘世缘　浇花不做修道障

※ 原文

招客留宾，为欢可喜，未断尘世之扳援；浇花种树，嗜好虽清，亦是道人之魔障。

※ 译文

招呼款待宾客，在一起欢聚虽十分可喜，却无法了断尘情的牵挂；浇花种树，虽是十分清雅的嗜好，但也是修道人的障碍。

※ 评析

一生能多交几个志同道合的知己好友，确是一大乐事。每当想起与好友一起开怀畅饮、谈笑风生的时刻，想起酒逢知己千杯少的乐趣时，就不免心生几丝向往与留恋。可是想起尽情欢笑过后杯盘狼藉、烂醉如泥而窘，又别有一番滋味在心头。如果宾客频繁往来，贪杯过度，就难免会成为一件难于应付的苦差事，此时是否又会觉得清静才是最终的追求呢？

浇花种树可称得上闲情逸致了，每天花开花落，枝叶飘摇，好似在潜心修道，但真正修道之人对一切事物是无牵无挂的。如果情志过于执着于草木，岂不是与物我两忘背道而驰了吗？此时的浇花种树倒成了求道的障碍，束缚了身心的自由。

灵篇

天下有一言之微而千古如新、一字之义而百世如见者，安可泯灭之？故风、雷、雨、露，天之灵；山、川、民、物，地之灵；语、言、文、字，人之灵。毕三才之用，无非一灵以神其间，而又何可泯灭之？

一言灵天下　百世光景新

※ 原文

天下有一言之微而千古如新、一字之义而百世如见者，安可泯灭之？故风、雷、雨、露，天之灵；山、川、民、物，地之灵；语、言、文、字，人之灵。毕三才之用，无非一灵以神其间，而又何可泯灭之？

※ 译文

天下曾有那么一句微言，但千百年之后读来仍有新意；有那么一个字的意义，在百世之后读它还如亲眼所见一般真实，怎么可以让它们消失呢？风、雷、雨、露，为天的灵气；山、川、民、物，为地的灵气；语、言、文、字，为人的灵气。天、地、人三才所呈现出来的种种现象，无非是“灵”使得它们神妙难尽，而又岂能让这个灵性消失泯灭呢？

※ 评析

三才之用：三才，天、地、人。《周易·说卦》：“立天之道曰阴与阳，立地之道曰柔与刚，立人之道曰仁与义。兼三才而两之，故《易》六画而成卦。”三才的具体表现又都有各自的语言，分别是风、雷、雨、露，山、川、民、物，语、言、文、字等。

三才之中，人为万物之灵。在我们立于天地之间，欣赏大自然的种种灵妙时，心底的灵性便可与大自然相近、相知，从而心生无限的生机与灵感，这么多的妙趣，我们又怎能失去这美好的灵性呢？

人生一世有三乐　佛家佳客山水游

※ 原文

闭门阅佛书，开门接佳客，出门寻山水，此人生三乐。

※ 译文

关起门来阅读佛经，开门迎接志趣相投的客人，出门享受山情水趣，这是人生三大乐事。

※ 评析

各人有各自的兴趣与爱好，有人喜爱阳光明媚的春天，有人喜爱枝繁叶茂的盛夏，有人喜爱硕果累累的金秋，有人喜爱白雪皑皑的寒冬。但即使乐趣再多，也莫过于以上这三大乐事：佛经中充满生命的智慧，读后使人的心灵得到净化，灵魂得到升华，自然乐趣无穷；有好朋友来访，谈禅论道，享受思想共鸣的快意，自然会欢迎好友来访；走遍天下寻找山水名胜，领略大自然的无限美景，体会其中的生机与活力，其乐自是无穷无尽。

眼无成见读书多　胸无渣滓处世圆

※ 原文

眼里无点灰尘，方可读书千卷；胸中没些渣滓，才能处世一番。

※ 译文

眼中没有半点灰尘遮挡，才可以读尽千卷书籍；胸中没有任何成见，才能处世圆融。

※ 评析

读书人切忌带着个人偏见去读书，否则就永远只能接受适合自己心意的道理，而不能接受与自己意见不同的卓见；因为“一叶”挡住了自己的眼睛，便无法识得“泰山”的真正面目；只按自己的意志去行事，看外界事物都不尽如人意，从而使自己既变得刚愎自用，又生活得孤独寂寞。所以要想读尽天下书，必须摒弃一己之见，以宽阔的胸怀对待书中的道理，莫叫“灰尘”遮望眼。

为人处世也是这样。胸中应该清除不满或怨恨的成见，胸怀坦荡，而不该存有任何阴暗的心理；这样才可与人友好相处，才能享受生活的快乐，即使有不如意之事，也能及时化解，公正对待，才能圆融地与世人相处。

不作营求　自无得失

※ 原文

不作风波于世上，自无冰炭到胸中。

※ 译文

不为世间的欲望无尽地追求，自然没有受挫时如冰的寒冷和追求时如炭的狂热。

※ 评析

人生遭遇的许多波折，都是由于自身的贪念所致，像名誉、金钱、地位、成就等，无一不让人垂涎欲滴、流连忘返。得到的自然会心满意足，显得趾高气扬；得不到的，便怨声载道，有的便不择手段地去争名取利，有的却心灰意冷，感叹世态炎凉，可见人生是大悲大喜相加，得意失意相随。其实，潜到生命的底层，便可以发现在大风大浪的生命表象下，生命的本身是宁静的，既无炭火炙心，也无寒冰刺骨，悠然闲适得犹如鱼在水中、鸟在天空那般自在。

可见，是欲望让我们处在水深火热之中。只有斩断贪婪的欲望之根，我们才能得以解脱，享受轻松快乐的情趣，过上悠闲自得的生活。

勿无事而忧　勿对景不乐

※ 原文

无事而忧，对景不乐，即自家亦不知是何缘故，这便是一座活地狱，更说甚么铜床铁柱，剑树刀山也。

※ 译文

没什么事却烦忧不已，对着良辰美景却不快乐，连自己也不知道这是什么缘故，这就像活在地狱中一样，更不必说什么地狱中的热铜床、烧铁柱，以及插满剑的树和插满刀的山了。

※ 评析

如果一个人整天愁眉不展，满心悲观之情的话，就真像生活在活地狱中一样备受煎熬了。

有一个故事说，某老妇有两个儿子，一个染布，一个卖伞。当天晴时，老妇在家愁眉不展，担心她的儿子伞卖不出去；当天下雨时，老妇仍然唉声叹气，担心儿子没法染布。有人劝她说，天晴时，你的儿子就可以染布了，你应该为他高兴；天下雨时，你的另一个儿子就可以卖伞了，你仍然应该高兴。无论天晴还是下雨，你都应该高兴才对呀！可见天下没有什么难事，只是庸人自扰罢了。只要拥有乐观的人生态度，善于排忧解难，我们就能够逃出心中的地狱。

出世者入世　入世者出世

※ 原文

必出世者，方能入世，不则世缘易堕；必入世者，方能出世，不则空趣难持。

※ 译文

一定要有出世的胸襟，才能入世间，否则，在尘世中便易受种种世俗缠绕而堕落；一定要有入世的准备，才能真正地出世，否则，就不容易长久保持空的境界。

※ 评析

在出世、入世的问题上，长久以来有许多争议，许多人把出世法称“真谛”，把入世法称“俗谛”，真俗之分，把出世、入世分出了先后。实际上真正修行的人，应该将真谛、俗谛同存于心。因为出世的胸襟，便是一种看透世间真相的智慧，能够对世间的事不贪恋爱慕。正是有了这种出世的胸襟，在凡俗的世间才能游刃有余地掌握生命的方向，而不会与世俗同流合污。可以随心所欲地入世，也可以轻松自如地出世，才可谓真正的禅者胸怀，才算是领悟了世间万物的真谛。

诗禅酒画皆有意　真意只存吾心底

※ 原文

人有一字不识，而多诗意；一偈不参，而多禅意；一勺不濡，而多酒意；一石不晓，而多画意。淡宕故也。

※ 译文

有的人一个字不认识，却富有诗意；一句佛偈都不懂得，却很有禅意；一滴酒也不曾喝过，却满怀酒趣；一块石头也不懂得观赏，却满眼画意。这是因为他淡泊而无拘无束的缘故。

※ 评析

不识字却充满诗情，不参禅却充满禅心，不喝酒却明了酒趣，不玩石却多有画意，功利之外仍能找到无拘无束的意境，可见这诗情、画意、禅心、酒趣就藏在每个人的心中。

沉溺于功利之心，就会拘泥于某种形式。尘心过于执着，即使满腹经纶、才高八斗，也毫无诗意；即使在菩提树下，也毫无禅意。太多的贪婪、太多的心机，会束缚人性真情的流露，所以只有恬淡畅适、无为而为，才会满怀情趣啊！

愁去观棋酌酒　乐来种竹浇花

※ 原文

眉上几分愁，且去观棋酌酒；心中多少乐，只来种竹浇花。

※ 译文

眉间有几分愁意之时，就暂且去观棋或品酒；心中有许多快乐之时，都可以在种竹浇花之中享受到。

※ 评析

愁从何来？从对世态炎凉变化的感受中来。心有愁苦之事时，切不可独自承受，更不可悲观失望，而要寻找消解愁苦的良方妙药，所以此时不如出外走走，放松一下自己的心情，聊天泡茶下棋，饮酒作诗画画，都会减少我们心头的烦恼与苦闷。饮酒不是让我们借酒消愁，而是寻找一种快乐的情趣，否则，只能是借酒消愁愁更愁了。

乐在何处？乐在懂得生活的情趣。找快乐不如体会快乐。种竹浇花，其中就有无限的闲情雅趣，只要细心品味，则其乐无穷。

了心看清本来面　出世堪破无常理

※ 原文

完得心上之本来，方可言了心；尽得世间之常道，才堪论出世。

※ 译文

完全认识到自己的本来面目，才算对自己明了于心；能够参透世间不变的道理，才足以谈论出世。

※ 评析

世间的常道就是“变”与“空”，无论多么伟大或渺小的事物都在变，最后成空，了解这个道理，才能超脱俗世。出世并非要逃离尘世，而是要透悟“变”与“空”的常道。

禅者之心认为世间的万物是迷乱的，而心则是宁静的，用心灵体会生命，明白自己在干什么，在想什么，才能拨去迷乱。只要我们看透人间的真相，找出生命的真实意义，就能够快乐自在地活一生。

天地万物适者存　适才养性可得真

※ 原文

调性之法，急则佩韦，缓则佩弦；谐情之法，水则从舟，陆则从车。

※ 译文

调整性情的方法，性子急的人就在身上佩带柔和的熟皮，以提醒自己不要过于急躁，性子缓的人就在身上佩带弓弦，提醒自己要积极行事。调适性情的方法，就像在水上要乘船，在陆地要乘车一样，适时适用。

※ 评析

老师要懂得因材施教，根据学生的不同性格有针对性地进行培养。有的学生急躁而好动，有的学生温和而好静，各种性情都要以适于教育为准。推而广之，为人处世也同样如此，过缓过急都不利于妥善地处理好各种关系。认识到自己的性情有不利的一面时，尤其要自觉而及时地调整意识。古人早就提醒："轻当矫之以重，浮当矫之以实，傲当矫之以谦，肆当矫之以俭，躁急当矫之以和缓，刚暴当矫之以温柔。"犯了哪一方面的错误，只有相应地加以改正，才能使自己的德行得到不断的提高。

磨炼性情关键是要抓住合适的时机，当断则断，当缓则缓。如果当断不断，就会受到它的迷乱，所以我们不能违背事物的常理。过急者要注意稳重，过缓者要加快速度，这才是提升修养的最好方法。

熏德用好香　消忧有好酒

※ 原文

好香用以熏德，好纸用以垂世，好笔用以生花，好墨用以焕彩，好茶用以涤烦，好酒用以消忧。

※ 译文

好香用来熏陶自己的品德，好纸用来书写传世的文字，好笔用来创作美好的篇章，好墨用来描绘光彩夺目的图画，好茶用来涤除心灵的烦恼，好酒用来消解心中的忧愁。

※ 评析

生活的艺术，就是要使任何事物都能达到最完美的用途。古人以香草比喻美德，在修行时，一定要点燃香草来提醒自己加强品德修养。不朽的文字，应该记录在最好的纸上，以流传于后世。好笔，自然要写下文采飞扬的篇章。一块好墨，也要画出光彩夺目的绚丽图画。这样才能物尽其用，物有所值。世人要想消除自身的烦恼，洗涤落满尘埃的心灵，也要以最好的香茗、最醇的美酒来涤除，这样才会使我们忘却忧愁。

太闲生恶业　太清类俗情

※ 原文

人生莫如闲，太闲反生恶业；人生莫如清，太清反类俗情。

※ 译文

人生没有比闲适更好的，但是太闲适反而容易做出不善的事情来；人生没有比清高更好的，但是太清高有时反而显得做作。

※ 评析

闲适是一种难得的境界，坐在厅堂中，感受清风徐来是闲；站在庭院中，看云卷云舒是闲；当窗对月，享受月色溶溶是闲。之所以说闲，是因为心无杂念，无牵无挂，在于一种安然的心境，能忘却生活的忙碌与名利的诱惑，心中自有一番闲适的天地。然而，如果功底不够深厚，心中追逐功名利禄，万念难舍，而外在的身体又无事可做，那么人在这种身闲心不闲的日子也许会生出种种邪念，为实现对名利的渴求也许会做下许多不善的事，正印证了“太闲反生恶业”的道理。

为人也是如此。清高固然可贵，但清高而至矫揉造作，就到了让人生厌的地步了。

灵丹一粒　点化俗情

※ 原文

胸中有灵丹一粒，方能点化俗情，摆脱世故。

※ 译文

胸中有一颗明澈的心灵，才能化解心中的世俗之情，摆脱人世间的心机巧计。

※ 评析

“身是菩提树，心如明镜台。朝朝勤拂拭，勿使染尘埃”，由唐代神秀的这首诗可以看出，心为感受外界的根本，只有保持心灵的安宁，拥有一颗明净之心，才能洞察世情。现实中有的人被世俗之尘所染、所蒙，为名、为利机关算尽，其心如明珠蒙尘，此时之心即有病。怎样医治有病的心灵？灵丹一粒，才能治心病。所谓灵丹，就是真心对己，真心对人，让蒙尘的心灵重新明净。只有保留这份纯净，才能点化俗情，摆脱世故，祛除百病。

美貌浮名　终成虚幻

※ 原文

无端妖冶，终成泉下骷髅；有分功名，自是梦中蝴蝶。

※ 译文

无缘无故将自己打扮得艳丽妩媚的美人，终将成为黄土下的一堆白骨；纵然是一生功成名就，最后也无非是庄周梦蝶，终成虚幻。

※ 评析

梦中蝴蝶是指庄周梦蝶之事，意味着美梦一场。

美色与功名总有一天会失去，所以只不过是南柯一梦罢了。年轻时的倾城美貌，终究会有老去的一天；世间浮华名利，也如庄周蝶梦一样，只是虚空一场。既然如此，为何人们还要对美女、名利苦苦追求呢？看来还是虚荣之心蒙蔽了人们的心灵。虚荣是心灵的樊篱，是人生之路上的陷阱，只有摒除虚荣心，才会让心灵重现本性，才会让人生之路多一些平坦，才能认识到一切美女、功利都如过眼烟云。

独坐禅房　心静神清

※ 原文

独坐禅房，潇然无事，烹茶一壶，烧香一炷，看《达摩面壁图》。垂帘少顷，不觉心静神清，气柔息定。濛濛然如混沌境界，意者揖达摩与之乘槎而见麻姑也。

※ 译文

独自坐在禅房中，清静无事时，煮一壶茶，点一炷香，观看《达摩面壁图》。将眼睛闭上一会儿，不知不觉中，心就变得十分平静了，神智也清楚了，气息柔和而稳定，仿佛回到了最初的混沌境界，就像拜见达摩祖师，和他共乘木筏渡水见到了麻姑一般。

※ 评析

达摩是禅宗的始祖，梁武帝时由天竺来到中国，曾在嵩山少林寺面壁而坐九年，后悟得禅的宗旨是：不立文字，教外别传，直指人心，见性成佛。达摩后将法衣传给了二祖慧可。麻姑，《神仙传》记载：东海中有仙女名叫麻姑。据说麻姑能撒米成珠。

独坐禅房，沏壶茗茶，点燃一炷香火，静静地观看《达摩面壁图》，不知不觉进入了一种新境界，这种新境界是什么？是悟道。静坐参禅，是佛家的功夫；静心思过，也是凡夫俗子应有的境界。

才人多放正敛之 正人多板趣通之

※ 原文

才子之行多放，当以正敛之；正人之行多板，当以趣通之。

※ 译文

有才华的人行为多洒脱不受约束，应当以正直来约束他；正直的人行为多过于苛刻，应当以趣味使他的个性融通些。

※ 评析

有才气的人外在的表现多是豪放洒脱，不拘礼节。对这种人最好的方法就应当以正直之心来约束他，让他不仅才华横溢，还能做到言行一致。这样他才能够做大家的好榜样，人格便会更加圆满；否则他总是自命不凡的样子，很容易遭人指责，被人忌恨。

正直的人比较坚持原则，在行为方式上也许会显得刻板而有点不近人情。因此这类人需要以幽默谐趣的方式来规劝，使他们内心变得活泼开朗。这样既坚持原则，又能够变通灵活地处理事情，从而显得外圆内方，平易近人，与人才可友善相处。

闻人善莫疑 闻人恶勿信

※ 原文

闻人善，则疑之；闻人恶，则信之。此满腔杀机也。

※ 译文

听说别人做了善事，却对此事抱怀疑态度；听到别人做了坏事，却相信此事。这是心中充满敌意和恶念的表现。

※ 评析

郑板桥说：“以人为可爱，而我亦可爱矣；以人为可恶，而我亦可恶矣。”其意思是说：如果一个心中充满善念的人，当听到别人有了好事时，无论是对方做了善事或有了进步，都会当作自己取得成绩一样感到由衷的高兴；而听说别人有了不好的事情，就会想也许会是传闻有误或对方有不得已的苦衷，即使是事实，也希望对方能及时觉悟并改正。这才是与人为善的正确态度。可是内心卑鄙阴险的小人却不这样，当听说别人有了好事时，或者怀疑其动机如何，或者充满嫉妒之心，蓄意贬低、诽谤对方；而当听说有人做了坏事时，则抱着唯恐天下不乱的心态，反而感到无比快意。此种阴暗心理实在可恶至极。

能脱俗便是奇　不合污便是清

※ 原文

能脱俗便是奇，不合污便是清。处巧若拙，处明若晦，处动若静。

※ 译文

能够超脱世俗，便是不凡；不同流合污，便是清高。处理巧妙的事情，更要以笨拙的方法处理；处于光明之处要善于隐蔽；处于动荡的环境，要像处在平静的环境中一样。

※ 评析

追求心灵的超凡脱俗，并不一定要做出惊天动地的奇特之事来，也并非要显得比任何人都要伟大，只要能够保持心灵的纯正洁净，不落俗套，不受外界环境的影响，能出淤泥而不染，便可称得上洁净。

世俗之中还要注重讲究雄韬伟略的计谋，越是机巧之事，越要朴拙，且不可自以为是，表现自己的小聪明，而落得聪明反被聪明误；越是在高处、明处，越要行事谨慎小心，不可招摇过市、炫耀才能，以免成为众矢之的；越是面对动荡的环境，越要保持镇定自若的心态，随机应变，灵活处世，既不可缩手缩脚，也不可手忙脚乱，以免忙中出错，乱上加乱。

尽心利济　天地皆容

※ 原文

士君子尽心利济，使海内少他不得，则天亦自然少他不得，即此便是立命。

※ 译文

一个有学问有修养的君子，尽自己的心意帮助他人，使世间少不得他，那么，上天自然也需要他，这样便是确立了自己生命的意义和价值。

※ 评析

要想生活得有意义，就不能平庸或碌碌无为地过一生。生命的价值就在于奉献。整个社会是由每个生命组成的，社会的发展和国家的强盛有我们每个人的一份责任，只有人人添砖加瓦，尽心尽力地去服务社会，帮助他人，那么生命的价值就得到了实现。就个人而言，生命只是一段过程，在这有限的生命中，有的人只知拼命享受个人的幸福生活，拒绝付出，这样的人活着也是社会的蛀虫，是行将枯萎的生命。而珍视自己生命的价值，对生命负责的人，会尽力去做有益的事，让生命之树枝繁叶茂，让生命之花绽放光彩。

读史耐讹　此方得力

※ 原文

读史要耐讹字，正如登山耐仄路，踏雪耐危桥，闲居耐俗汉，看花耐恶酒，此方得力。

※ 译文

读史书要忍受得了错误的字，就像登山要忍耐山间的崎岖，踏雪要忍耐危桥，闲暇生活中忍耐得了俗人，看花能忍耐得了劣酒一样，这样才能融入美好境界中。

※ 评析

古人说：人非圣贤，孰能无过。从对著书立作的要求来说，应当抛弃无错不成书的俗念，这样读书的人才能纵情进入书中的境界，不致因书中错字或断简残篇而败了读书的雅兴。

金无足赤，绝对的无错是很难的。读书要能沉得住气，发现错误不妨批注在文字旁边，这也是一种情趣。因此，要在“耐”字上下功夫。史书中发现了错误，还可以改正；生活中有些不如意的事，却很难以人的意志为转移：登到山中险处，踏雪寻梅遇到危桥，遇到世俗之人的责难，这些都不是人力所能改变的，如果努力试图改变反而会失去不少生活情趣。所以不妨随缘而定，随遇而安，从“忍”字上做些文章。当然，如果见难就避，遇险即弃，这样的消极态度是不能有的；只有遇山开路，遇水搭桥，才能事有所成。

明窗净几一息顷　名山胜景一登时

※ 原文

声色娱情，何若净几明窗，一生息顷；利荣驰念，何若名山胜景，一登临时。

※ 译文

在声色乐趣中去追求心灵愉快，比不上在洁净的书桌和明亮的窗前，让自己享受宁静中的快乐；为荣华富贵而思前想后，比不上登临名山、欣赏胜景来得真实。

※ 评析

荣华富贵固然人人向往，但随着岁月蹉跎，年华流逝，这所有的幸福生活终究也会消亡殆尽，成为过眼云烟。精神和肉体上的刺激、满足也是短暂而易于消失的，培养一份高雅的悠闲情趣，倒可与我们相伴终生，从而享受到无穷的乐趣。在窗明几净的环境中，临窗而坐，摒除声色财利的烦恼，看窗外的花开花落，人来人往，留一方宁静的天地在心头，却能感受到世界的美丽与生机，这是多么惬意的事呀！

世俗之人为名利而奔波劳碌，到头来却两手空空，一无所有，不禁悲叹一生虚度。如有空闲之余，不如游览名山大川，登临名寺古刹，返璞归真，寻找一下回归自然后的本性。

心上无事　乃为乐耶

※ 原文

若能行乐，即今便好快活。身上无病，心上无事，春鸟是笙歌，春花是粉黛。闲得一刻，即为一刻之乐，何必情欲乃为乐耶。

※ 译文

如果能随时行乐，立刻就可以获得快乐。身体无病，心中也无所牵挂，春鸟的鸣叫便是动听的乐曲，春天的花朵便是美丽的装点。有一时空闲，就能享受一时的欢乐，为什么一定要在情欲中寻求刺激才算是快乐呢？

※ 评析

人生的真正快乐不在于追求感官上的刺激，以求得到各种贪欲的满足，而是在于能够用自己的心灵去品味世间万物之中所包含的情趣，以达到心灵愉悦的目的，这才为真乐，这才能常乐。当我们心中没有忧虑和牵挂的时候，当我们身体没有病痛折磨的时候，自然会感觉到无比的轻松快乐，心情就会把春天的鸟鸣当作婉转的歌唱，把春天的百花争艳当作对大地的点缀。

由此可见，快乐其实就在我们的心底。外在感官的刺激是短暂的，甚或是危险的，短暂的快乐后面也许是无尽的麻烦或痛苦，甚至是死亡的深渊或陷阱，这又怎能与心中的闲适与心安理得相提并论呢？

兴来醉倒落花前　机息忘怀磐石上

※ 原文

兴来醉倒落花前，天地即为衾枕；机息忘怀磐石上，古今尽属蜉蝣。

※ 译文

兴致来的时候，喝醉倒卧在落花之中，天作被褥地作枕头；坐在石上，便放下了心机，忘怀了一切，感觉古往今来都像蜉蝣的生命一样短暂。

※ 评析

醉酒卧倒在万花丛中，与大自然相拥入眠，似睡非睡，似醒非醒，让心自由自在地驰骋在天地之间，在物我两忘的意境中，将世间万物置于空灵之中。这是何等快意而又无拘无束的心境啊！天作被衾地作枕，这是多么豪放无拘的心胸，真是让人羡慕，让人向往那种自由自在的生活。万物都如花草一样有其生命的周期，百花盛开过后就要走向凋谢，在短暂的时空中尽情享受这无尽的乐趣，人生本就如沧海一粟，渺小而平凡，又何必执迷外相而不尽情享受呢？

蜉蝣是一种极小的生物，其生命不过数小时之短，虽然朝生暮死，然而却也有生有灭。人生就如这蜉蝣小虫一样，仔细品味一番，又有什么让我们不能放下的呢？

休便休去　了时无了

※ 原文

如今休去便休去，若觅了时无了时。

※ 译文

只要现在能够停止，一切便能终止；如果想要等到事情都了尽时再去停止，那么永远没有了尽的时候。

※ 评析

停止与发展都是相对的，想等到一个绝对终止的时刻是不可能的。所以凡事能够告一段落，就要抓住机会适时做出决断，切不可优柔寡断，贻误时机，更不必纠缠于非得一个彻底了结的时候。那样只会在等候中错过更多停止的机会，甚至在等候中还要承受很多的痛苦与煎熬，再想停止就已经太晚了。正是因为世界有太多的不完美，人才有了对完美的不懈追求，但同时也多了无尽的欲求。

事物总在不断地发展，期盼事物自动停止下来是不现实的。所以要及时选择恰当的时机，当断则断，当止则止。其实我们的生活已经很完美了，关键是我们不懂得知足常乐，发现不到周围那一次次与我们擦肩而过的风景。

意亦甚适　梦亦同趣

※ 原文

上高山，入深林，穷回溪，幽泉怪石，无远不到，到则拂草而坐，倾壶而醉，醉则更相枕藉以卧，意亦甚适，梦亦同趣。

※ 译文

登上高山，进入密林，走进充满怪石的曲折小溪和幽深山泉，不论多远都要走到。到了之后就坐在草地上，倒出壶中酒，尽情地畅饮大醉，然后就互相以身体为枕大睡，这样的心境是多么地愉快，连做梦也都与它息息相关。

※ 评析

古语说：读万卷书，行千里路。实际上大自然也是一本内容丰富的书。有时它如一幅黑白的画卷，淡雅质朴；有时它如一条柔腻的河流，明澈见底；有时它如一株鲜嫩的小草，清新自然；有时它如一种简单的语言，通俗易懂；有时它如一个可爱的精灵，活泼欢快；有时如一首动人的儿歌，回味无穷……深入到自然中，寄情山水，忘记凡俗的种种争斗与心机，看幽谷清泉，观奇石怪草，或醉卧草地，或赋诗山间，其中有享不尽的乐趣。

云中世界　静里乾坤

※ 原文

茅帘外，忽闻犬吠鸡鸣，恍如云中世界；竹窗下，惟有蝉吟鹊噪，方知静里乾坤。

※ 译文

茅草编织的门帘外，忽然传来几声鸡鸣狗吠，让人感觉仿佛生活在远离尘世的世界中；竹窗下听到了蝉鸣鹊唱，让人感觉到寂静中的天地如此广大。

※ 评析

窗前独坐，看外面风景如画，心情感到无比的畅快与安宁。茅屋外、田野中鸡犬之声相闻，好似逃离尘世的世外桃源，真有点“犬吠深巷里，鸡鸣桑树颠”的意境。人在喧嚣的尘世中生活久了，自然就有想跳出界外、躲在高远之处的念头。意到心随，才能境随人意。内心感觉到了几分宁静，才能真正领悟到静的神韵。

“蝉噪林愈静，鸟鸣山更幽。”静并不是死气沉沉，没有生气，而是有衬托的静。在万籁俱寂中有几只虫儿的浅吟低唱，才更显得静中如水妙趣无限。正因为静，才能听得到竹窗下蝉吟鹊噪，蝉吟鹊噪又反衬出静的意境。我们不妨也在闲暇之余，听听音乐，或是出外走走，听风吹着雨滴打在窗上的声音；闻半夜飘到床前的花香，我们可能会慢慢领悟到：世间万物的许多美丽来自幽静，正是在它的衬托下，才更显声音给人带来的乐趣。

久居山泽中　未必真异士

※ 原文

山泽未必有异士，异士未必在山泽。

※ 译文

山林泽畔不一定有超凡脱俗的隐士；超凡脱俗之人也不一定在山林泽畔。

※ 评析

那些超出了常人思想和行为的人大多被称为超凡脱俗之人，他们能把地位名利、荣华富贵视为草芥，而超然于物外生活。这些人能够洞察仙机，其修养高深莫测，总是深藏不露，虽有生活在喧嚣的人群外与宁静清新的山林为伴的，但更多的是生活在芸芸众生之中，只是我们没有察觉罢了。他们在反省自己生命的同时，也为众人的生命反省，他们不但以智慧解决自己的问题，也为众人排忧解难，所以说他们是众人的精神领袖。

真正的隐居者虽身在山林但却心系朝廷，“居庙堂之高则忧其民，处江湖之远则忧其君”。他们并不是只顾在深山享受个人的宁静，而是如阳光般燃烧自己，照亮芸芸众生的前路。

可爱之人可怜　可恶之人可惜

※ 原文

天下可爱的人，都是可怜人；天下可恶的人，都是可惜人。

※ 译文

天下值得去爱的人，往往都十分令人可怜；而那些人人厌恶的人，却往往令人十分惋惜。

※ 评析

世上可爱之人，多是受人尊敬与爱戴的心地善良者。他们毫不利己、专门利人的高贵品质感染了无数群众，即使自己在受到伤害时，也极力维护人类最美好的品德。由于他们不愿用种种卑劣的手段去实现自己的理想，更不愿与人同流合污去追逐不义，所以在社会中他们扮演的往往是些容易受伤害的角色，生活窘迫，甚至最后丢掉了性命。

世上那些为非作歹、作恶多端的人，不仅丧失了人性中美好的一面，就算他们的阴谋诡计偶尔得逞，由于每天提心吊胆地生活，怕遭到上天的报应，他们也感受不到生活的快乐，得不到和煦的阳光的滋润，闻不到百花的芳香，听不到孩童的欢笑，每天过着暗无天日的生活，让人在痛恨之余，不免生出几许惋惜。

宽之自明　纵之自化

※ 原文

事有急之不白者，宽之或自明，毋躁急以速其忿；人有操之不从者，纵之或自化，毋操切以益其顽。

※ 译文

有些事情在情急之下不能分辨是非，在宽缓下来后，却往往会自然澄清，如果贸然行事，反而会引起愤怒；有些人不善听人劝告，放纵他或许他会自然明白而改正，如果太急切了，反而会使他更为顽固不化。

※ 评析

古代兵法中讲究“欲擒故纵，欲急故缓，欲强先弱，欲弱先强”，这在处世为人方面也是行之有效的方法。

“欲速则不达。”要学会逆来顺受，不屈不挠地生活，却有可能遇难成祥，因为真相总会水落石出，大白于天下。如果空发牢骚，又无真凭实据，倒可能会乱上加乱，让人生厌恶之情。

正所谓当局者迷，旁观者清。一些人在情绪激动时是很难听得进别人良言相劝的，这时如果你给他一点稳定情绪的时间，让他静心自我反省，会比极力劝阻更有效果。

比下有余　则自知足

※ 原文

人只把不如我者较量，则自知足。

※ 译文

人只要同境况不如自己的人做一下对比，就自然会感到知足了。

※ 评析

知足才可常乐。在这物欲横流的年代，人的欲望总是难以满足的，人便生出种种的烦恼。怨天尤人者看到比自己强的就产生嫉妒之心，总想自己是天下最好的，这种攀比的心理是要不得的。

活着一天，就是有福气，就该珍惜。当我们哭泣没有鞋子穿的时候，就去看看没有脚的人如何生活。凡事退一步想，才会感到自己的幸运与快乐之处。如果一味地与别人争地位、荣耀、金钱等，就容易让我们丧失人格、泯灭良心。比知识、能力、成绩并非不可，重要的是看到差距，从而不断改造自身，完善自我，就如“梅须逊雪三分白，雪却输梅一段香”之比一样，明白了各自的长短，才能体现出比的价值与意义。

求俭求贤　安贫乐道

※ **原文**

俭为贤德，不可着意求贤；贫是美称，只是难居其美。

※ **译文**

俭朴是贤良的品德，但不可着意去求取圣贤之名；安贫往往为人所赞美，只是很少有人能做到安贫乐道。

※ **评析**

勤俭节约是中华民族的传家宝。但若为了求取勤俭的好名声就在人前惺惺作态，故意装出艰苦朴素的样子来，实在大可不必。人前装清高，而私下生活奢侈浮华，大肆浪费，那实在是个贪慕虚荣的无耻小人了。但从整个社会的发展来看，生活日渐多姿多彩，奢侈固然不可取，但如果过于吝啬小气，也就失去了俭的本意。

安贫乐道是一种难得的生活情趣。但却不是一种消极堕落的心态，而是在安于贫困中保持积极奋进的动力，实践自己的精神追求。俗世中人人都向往着富贵与荣华，有多少人肯安于贫困而不改初衷呢？贫穷的人想勤劳致富，摆脱贫困，只是脱贫还要乐道，不要物质生活丰富了，而心灵却空虚得只剩下钱财了。

唤醒梦中之梦　窥见身外之身

※ **原文**

听静夜之钟声，唤醒梦中之梦；观澄潭之月影，窥见身外之身。

※ **译文**

聆听静夜里传来的钟声，唤醒了生命中虚无缥缈的世界；观看清澈潭水中的月影，仿佛窥见了超越身躯之外的自己。

※ 评析

世事如棋，人生如梦，何时是梦醒时分，何时又昏睡而去，谁也无法说得清楚。从无边无际、无始无终的宇宙空间来看，人类的生命如同沧海一粟般那么短暂渺小，在宇宙中只是那么极短的一瞬。当夜阑人静、万籁俱寂时，凝神静听划破长空的钟声，往往使人心有所悟，感到生命中无论多大的悲欢离合，都不过是梦中之梦罢了，从梦中醒来就什么都不存在了，何必不忍舍弃呢？

只有在无心无欲之时，才会见到本体，就如同当明月将自己的身影投于潭水之中时，才会感到身外真我的存在。

打透生死关　参破名利场

※ 原文

打透生死关，生来也罢，死来也罢；参破名利场，得了也好，失了也好。

※ 译文

能够看透生与死的界限，活可活得自在，死也死得安然；看破了追名逐利的虚妄，得到了也好，失去了也罢，都是无所谓的事。

※ 评析

死是人生的必然，但死也是生的目的，没有生也就没有死，没有死也就没有生，生死循环才造就了自然界的丰富多彩。只有悟到了这个常理，我们才会明白生死的意义，看清生死不灭的本性。

至于身外的名利，更是可有可无的虚幻之物，连生死都已经看透，又何必追逐这些使人痛苦的虚妄呢？想到这里，我们才会觉得生活得自在，死时也会安然而去，哪里还会在乎名利的得与失呢？而芸芸众生中能坦然面对生命的实在太少了，所以才会在生死轮回的苦海中旋转沉浮，得不到身心的解脱。

一笔写出　便是作手

※ 原文

作诗能把眼前光景，胸中情趣，一笔写出，便是作手，不必说唐说宋。

※ 译文

写诗的人能够把眼前所看到的景致，胸中的意趣，一笔表达出来，便算是作诗的好手，不必引经据典，说唐道宋。

※ 评析

诗是作者内心真情实感的流露和自然的表达，只要能够准确地描绘出胸中意境和大千世界，就可称得上是个作诗的好手了，何必非要与唐宋相提并论，受它们的约束呢？如果只知参照唐宋之诗赋作诗的话，就会丢失许多自我的东西，难以有自己的真知灼见，难以体现自己的真正价值，所以凡事保持一点真我的东西才可体现生命的价值所在。正如王国维所说："客观之诗人，不可不多阅世；阅世愈深，则材料愈丰富，愈变化，《水浒传》《红楼梦》之作者是也。主观之诗人，不必多阅世；阅世愈浅，则性情愈真，李后主是也。"可见不管什么样的诗人，都必须酣畅淋漓地书写出自己的胸中情趣，才能留下千古绝唱的好诗篇。

隐逸无荣辱　道义无炎凉

※ 原文

隐逸林中无荣辱，道义路上无炎凉。

※ 译文

过着隐居山林的生活，就避免了世间的荣华与耻辱；在追求道义的路上，没有人情的冷暖可言。

※ 评析

隐居山林的人，放弃了对世间荣华富贵的追求，去除了名利之心，自然就无所谓得失了，更不会感到有什么荣辱之分了。他们厌倦了人生的争斗，不会再关心自己在世间的名声是好是坏，正是由于不执着于名声，才渐渐远离了让人烦恼不已的荣辱之观。可见"心"是荣辱的关键，有心恋荣辱，荣辱处处在；有心舍荣辱，荣辱处处无。

那些追求道义的人，不是不知世态炎凉、人情冷暖，而是因为他们只顾全身心地投入到自己所追求的事业中去，所以根本没有时间去体察世态如何、人情如何。义无反顾地追求道义，又何来闲心去计较世态是炎还是凉呢？

勿闻谤而怒　勿见誉而喜

※ 原文

闻谤而怒者，谗之囮；见誉而喜者，佞之媒。

※ 译文

听到毁谤的言语就勃然大怒的人，往往会给进谗言的人以可乘之机；听到赞美的话就沾沾自喜的人，很容易走进谄媚人的圈套。

※ 评析

心胸狭窄之人，一听到别人的谗言谤语就怒气冲天，做出一些不理智的事情来，结果反倒给那些爱进谗言的人许多机会，让他们达到了自己预期的目的。听到毁谤之语不但不反省自身、探明虚实，却怒而视之，从而使心里有了谗言生长的土地，又怎能得到身心的清净呢？正如墙上什么地方有缝，风就会吹进来，如果只喜欢好话，而听不进批评之言，别人自然会投其所好，进谗献媚之人就有机可乘了。

喜欢听奉承话的人，容易迷失自己的本性，掉入别人设下的陷阱。《伊索寓言》中就有一个绝佳的例子，一只狐狸为了得到树上的乌鸦嘴里的一块肉，便在树下说起奉承话来，几经努力后，终于使乌鸦开了口，把自己口中的食物送到了狼的嘴里。由此可见，喜欢听虚假话的人，给了那些奸诈小人许多打倒自己的机会。

人胜我无害 我胜人非福

※ 原文

人胜我无害，彼无蓄怨之心；我胜人非福，恐有不测之祸。

※ 译文

别人胜过我并没有什么害处，这样他便不会在心中积下什么妒恨；我胜过别人不见得是福分，也许会有难以预测的灾祸发生。

※ 评析

如果在生活中我们争强好胜，事事都想高人一等，就容易遭到他人的嫉妒。在生活中树敌太多，无异于在自己前进的道路上增添许多障碍。

从另外一方面看，若不如别人，恰恰证明自己还有许多向别人学习的地方，也能证明自己有容人之量、好学之心、完美之意。如果只是生有嫉妒之心，那只能证明自己心胸狭窄，无君子之风，有小人之意。所以古代人的处世哲学是：既不能落人之后，亦不可领先他人，而是追求中庸之道。

闭门是深山 读书有净土

※ 原文

闭门即是深山，读书随处净土。

※ 译文

关起门，就像住在深山中一样；能读书，则处处都是净土。

※ 评析

关上房门，没有尘俗事物的烦扰，也没有别人的打扰，如果再来一杯酒或是一壶茶，与明月相对而饮，仿佛置身山林一般，该是何等惬意啊！因为将心门关上，虚妄欲念都已抛却，所以一片心田皆成净土。心在深山并非要身在深山，只看我们学会如何把握自己的时空变幻，便可真正成为得道之人，从而会感觉到处处是深山，处处是乐土，又何须关门、关心呢？

读书同样也需要清净的心境。只要心中无牵无挂，一心一意地在书山中畅游，便能领悟到书中的人生至理，从而使自己的心灵得到进一步净化，保持心底那片明澈的净土。

自心一尘不染　才见圣人胸襟

※ 原文

欲见圣人气象，须于自己胸中洁净时观之。

※ 译文

想要见到圣贤通达之人的胸怀气度，必须在自己内心一尘不染的时候才能观察到。

※ 评析

古人认为："无欲之谓圣，寡欲之谓贤，多欲之谓凡，徇欲之谓狂。"圣人就是通达事理，学问、修养、气度超凡脱俗的人，能够立言、立德、立功而不朽。从本性上说，圣人与凡人本无分别，所以孟子说人人皆可成为尧舜。圣人之所以为圣人，就在于他们心灵的纯净无染和了无牵挂；凡人之所以是凡人，就在于他们身陷红尘之中，心系杂念妄想，而使自己显得平庸俗气，甚至愚昧无知。如想成为圣人，必须先要了解并达到他们的心境，看透生死的关卡和名利的诱惑。只有清除心中的杂念，才可使自己纯净的心灵重现，从而求得真实的本性。

成名穷苦日　败事得志时

※ 原文

成名每在穷苦日，败事多因得志时。

※ 译文

一个人往往是在过穷苦的日子中成名的，而多在得意之时遭到失败。

※ 评析

贫穷是一笔财富，让我们懂得了生活的平淡；让我们产生了上进的动力；让我们掌握了成功的方法；让我们铸造了坚强的意志。贫穷增添了我们的智慧、力量和勇气，使我们知道了如何去为人处世，如何去珍惜福分，如何去享受生活。

一个人在得意时如果不懂得收敛锋芒，太过自高自大，就容易生出骄傲情绪，产生懒惰心理，从而失去了生活的目标和动力。好胜狂妄者的精力和时间不是用在其所追求的事业上，反而因自己的狂妄招来更多人的嫉妒与怨恨，受到更多的攻击，最终导致一败涂地。

让利又逃名　才是真君子

※ 原文

让利精于取利，逃名巧于邀名。

※ 译文

让利益给他人比争取利益更精明，逃避名声比争名声更聪明。

※ 评析

利字旁边一把刀，如果抓住不放，既会害己，也会害人。遇到利益分歧时，宁可少得一些好处，也不能伤了彼此的友谊与和气。个人与集体利益发生矛盾时，应做一些适当让步，以求舍小家顾大家。如果为小事斤斤计较、喋喋不休的话，就容易失去他人的信任与理解，而使自己变得孤单寂寞。

名声就是一条无形的绳索，一旦被它困住手脚，就无法自由地生活。所以世人应当把名利看得淡些。如果不择手段地刻意求取，不仅会使曾经的名声丢尽，还有可能会遗臭万年。保持谦虚谨慎的态度，不重名声，反倒能摆脱名声的束缚，获得他人的尊敬。

求福速祸至 安分自得福

※ 原文

过分求福，适以速祸；安分远祸，将自得福。

※ 译文

过分地追求福分，很容易导致祸患来临；安分守己可以远离灾祸，自然能够逢凶化吉，得到幸福。

※ 评析

福祸是相互依存、相互转化的。当福分到了头，接踵而至的便是灾祸；当灾祸到了头，随之而来的便是福分。这正应了老子所说的“祸兮福所倚，福兮祸所伏”。所以我们追求福分要有个度，如果求福太过，铤而走险，反而会加速祸事的来临，就像上满发条的闹钟一样，如果再一用力，很可能就会弦断钟毁。

如果安分守己，即可远离灾祸。即便遭遇灾难，只要冷静面对，泰然处之，就能尽量将灾祸造成的损失减到最低点，甚至化险为夷、因祸得福。所以在困难面前要镇定自若地去想办法解决，而不是手忙脚乱，不知该何去何从。

看书贵在悟透 不可拘旧附会

※ 原文

看书只要理路通透，不可拘泥旧说，更不可附会新说。

※ 译文

读书重在明白书中的道理，不受旧有学说的束缚，更不可盲目信从新的学说。

※ 评析

总体来说，书是人类智慧的结晶，它不仅记载了人类文明发展的轨迹，还在不断地改善着人类的生活环境和生命质量。读书贵在悟透书中所揭示的道理。如果只是一味地钻研表面的文字，因循守旧，却不求领悟其中的真谛，那无异于缘木求鱼，终将一无所获。只有学会举一反三、融会贯通地吸收并加以消化，才有可能求得真知。

正如哲人所说："尽信书不如无书。"对书中记载的知识要本着分析的态度接受，决不能奉行"拿来主义"，产生厚古薄今的思想，更不可全盘否定，弃之不用。只有取其精华，去其糟粕，才能进入书中，又可跳出书外。

总而言之，不管是新说还是旧说，只要抱着认真的态度去研究，便可彻底悟透书中的真理所在。

但识琴中趣　何劳弦上音

※ 原文

对棋不若观棋，观棋不若弹瑟，弹瑟不若听琴。古云：但识琴中趣，何劳弦上音。斯言信然。

※ 译文

与人下棋不如观人下棋，观人下棋不如自己弹琴，自己弹琴不如听人弹琴。古语说："只要能体味琴中的趣味，何必一定要有琴音呢？"这句话说得很对。

※ 评析

有人喜爱下棋，体味互相厮杀的乐趣，但与旁边站立的观棋者相比，还是少了几分雅兴。旁观者能够洞察棋局的变化，一副成竹在胸的样子，但有时抑制不住"指点迷津"的冲动，破了"观棋不语真君子"的规矩，所以还不如自己弹琴沉浸在音乐之中更有情趣。那么弹琴是用心来弹呢？还是无心来弹呢？有弦琴就以有心去听，而无弦琴则以无心来听，这种境界更是博大精深，超然物外，又怎能是有弦琴能够相比的呢？

假戏假作　真戏真作

※ 原文

优人代古人语，代古人笑，代古人愤，今文人为文似之。优人登台肖古人，下台还优人，今文人为文又似之。假令古人见今文人，当何如愤，何如笑，何如语。

※ 译文

演戏的人扮成古人讲话，代替古人笑，代替古人发怒，就像现在读书人写文章一样。演戏的人在戏台上很像古人，下了戏台还是演戏的人，现在的文人写文章又和这点很相似。假如让古人见到现在的文人，他们将如何愤怒，如何笑，如何讲话呢？

※ 评析

当演员在台上扮演戏中的角色时，其惟妙惟肖的表演往往使人融入戏中，为戏中人愁，为戏中人喜，为戏中人悲，戏里戏外融为一体。戏结束了，唱戏的仍然是唱戏的，观众仍然是观众，他们都有各自的身份和生活。但就生活这个舞台而言，台上的我也是生活中的真实，人生便是戏中之戏。

回到台下的优人，只会模仿，是永远没有古人的真实人格和内涵的。这就和我们写文章一样，如果只是模仿古人的只言片语，却没有融入自己的真情实感，是永远不会写出好文章来的。

真正的文人是将自己的生命融入社会生活中，才写下了不朽的历史篇章，反映了各自时期的现实生活。世人应该看到一个真实的自我，而不是牵强附会地效仿他人，否则，就成了戏台上的傀儡，身不由己，也失去了生命的意义。

一言济人　功德无量

※ 原文

士君子贫不能济物者，遇人痴迷处，出一言提醒之；遇人急难处，出一言解救之，亦是无量功德。

※ 译文

读书人贫穷没有能力以物质接济他人，但遇到糊涂迷惑之人时，却能以言语来点醒他；遇到他人有紧急危难时，用言语来解救他，也是无边的功德。

※ 评析

救人于危难之中，是一种良好的美德，但帮助他人并不一定非要以金钱和财物为救济的基础。及时的良言相助有时比物质财富的救济更为可贵，因为金钱可以助人渡过暂时的难关，警示之语却可以救人救到底，让人终身受益。

贫穷的读书人虽然不能在物质上给予他人帮助，但他们有着丰富的精神与聪慧的头脑，有着比常人更多的智慧，所以他们可以为迷茫的世人点亮前进的照明灯，给那些困惑之人以指点和帮助，让身处困境中的人找到前进的方向和动力，这样的读书人同样也拥有无可比拟的功业与美德。

闲要有余日　读书无余时

※ 原文

夜者日之余，雨者月之余，冬者岁之余。当此三余，人事稍疏，正可一意问学。

※ 译文

夜晚是一天所剩下的时间，下雨天是一月所剩下的时间，冬天则是一年所剩下的时间。在这三种剩余的时间里，人事纷繁之事较少，正是能够专心读书的好时候。

※ 评析

古书中有关珍惜时间的记载很多，班固的《汉书·食货志》载："冬，民既入；妇人同巷，相从夜织，女工一月得四十五日。"一月怎么能有四十五日呢？颜师古为此注释说："一月之中，又得夜半十五日，共四十五日。"这就很清楚了，原来古人除了计算白天一日外，还将每个夜晚的时间算作半日，这样就多了十五天，可见古人是十分重视时间的合理利用的。

忙碌了一天的人们在夜晚终于有了休息的时间；下雨时人们无法出外工作，也只能待在家里无所事事；冬天万物凋零，无法从事户外劳动，也正是人们感到无事可做的时候，而这三个时间段正是读书人的黄金时间，由于很少有闲杂事务的打扰，正好可以静下心来读书做学问。古代一切有成就的人，都是十分珍惜自己的生命的，他们活着一天，总要尽量多做些事情、多学点知识，从不肯虚度年华，让时间白白浪费掉。今人更需要在忙碌的生活中珍惜宝贵的一分一秒。

简傲不谓高　谄谀不谓谦

※ 原文

简傲不可谓高，谄谀不可谓谦，刻薄不可谓严明，阘茸不可谓宽大。

※ 译文

轻忽傲慢不能看作高明，阿谀谄媚不能视作谦逊，待人刻薄不能称之为严明，庸碌无能不能认为是心胸宽广。

※ 评析

行为狂妄傲慢之人，自以为高人一等，其实胸无点墨，在众人眼里只不过是个怪物罢了，又怎能谈得上高明呢？一些居心叵测之人就善于用花言巧语来巴结奉承有利用价值的人，以求得到自己追求的利益，他们这种低贱的行为又怎能被视为谦虚呢？尖酸刻薄之人心胸狭窄、品德低下，做事斤斤计较，对人求全责备，故意刁难于人，他们又怎能称得上纪律严明之人呢？庸庸碌碌、无能卑贱，又怎能称得上心胸宽广之人呢？美好的品行都是建立在一定的评判标准之上的，混淆了这一标准来评价他人，就容易让我们的眼睛被一些事物的外在表象所迷惑，所以我们要擦亮自己的眼睛，准确掌握评判他人的尺度，才能真正识别一个人的善恶与真伪。

画中有诗　诗中有画

※ 原文

画家之妙，皆在运笔之先；运思之际，一经点染，便减神机。长于笔者，文章即如言语；长于舌者，言语即成文章。昔人谓丹青乃无言之诗，诗句乃有言之画。余则欲丹青似诗，诗句无言，方许各臻妙境。

※ 译文

画家精妙的构思，都在下笔之前；如构思时有一丝杂念，便使灵妙之处不能充分表现。善于写文章的人，他的文章便是最美妙的言语；善于讲话的人，他的话语便是最美好的文章。古人说画是无声的诗，诗是有声的画。我希望最好的画如同诗一般，能尽情地倾诉；最好的诗却如画一般，能无尽地展现意境。这样诗和画才各自达到了神妙的境界。

※ 评析

画是形象艺术，诗是语言艺术，但它们却有着相通的意境，而且常常是诗情画意融为一体。好的画，蕴含了画家无限深情，是情与景的有机结合，它表现出一种十分鲜明、可给人启示和想象的自然意象，同时又包含浓厚的、耐人寻味的意趣，虽然用的是线条和色调，可反映的是无言的诗情。而好的诗句通过语言艺术展示给人们的就是一幅画，其中有动静的交融，有画面的跌宕起伏。

诗中有画，画中有诗。古人的诗词与名画总是两者的完美结合，唐代的著名诗人王维就是其中的代表。“空山新雨后，天气晚来秋。明月松间照，清泉石上流。竹喧归浣女，莲动下渔舟。随意春芳歇，王孙自可留。”其中既有诗的深韵，又有画的直观，动静交替，情景交融，堪称诗画融合的典范。柳宗元的“千山鸟飞绝，万径人踪灭。孤舟蓑笠翁，独钓寒江雪”也勾勒出了一幅清幽秀丽、天然绝妙的图画，让人读后仿佛眼前出现了诗中所描绘的那幅美景。

取云霞作侣伴　引青松当心知

※ 原文

累月独处，一室萧条，取云霞为侣伴，引青松为心知；或稚子老翁，闲中来过，浊酒一壶，蹲鸱一盂，相共开笑口，所谈浮生闲话，绝不及市朝。客去关门，了无报谢。如是毕余生足矣。

※ 译文

连续几个月的独居生活，虽然让满屋子萧条冷清，但常将浮云彩霞视作伴侣，将青松当作知己；有时候老翁带幼童过来拜访，这时以一壶浊酒、一盘大芋招待客人，谈着一些家常话，会心地开口大笑，绝不谈及市肆方面的俗事。客人离开便关门，不需要起身送客。如能这样过一辈子我就很满足了。

※ 评析

生活是丰富多彩的。如果我们只知一心赶路的话，往往会忽略身边诸多美丽的风景。只有平平淡淡、宁静安详地过日子，才会体悟生活中的快乐与幸福。生活中少一些无聊的应酬和名利的交易，便更能感觉到自然的亲切与真实。因为没有了矫揉造作、虚伪奉承，只有心灵的交流与共振，情感的沟通与融合，所以，客人来时不必迎、走时不必送，一切都是那么宁静自然，皆因心有灵犀。

天下真有这样天真朴实、返璞归真的生活吗？如果真能在这样的环境中过一生，还有何所求呢？

少争务　日月长

※ 原文

耳目宽则天地窄，争务短则日月长。

※ 译文

耳目用得太多，便会觉得天地很狭隘；少争名夺利，日子就会过得清闲而悠长。

※ 评析

心间无私天地宽。要想天地宽广，就要摒弃许多世俗的杂念，使六根不为六尘所惑，把目光移到个人的利益得失之外。要眼观六路，耳听八方，看长远、顾大局，不为小事斤斤计较，少去理会那些心烦意乱的事情，才可以容纳天地于心中，呈现出博大胸怀。

世事纷争很多，如果心胸狭窄，而自身又争强好胜，那就会逐渐产生厌倦生活的心态，觉得生活无聊，从而失去前进的动力。不如放弃一些无谓的争端，轻松地笑对生活，如此才会感到生活的快乐情趣，觉得日子过得清闲悠长，有滋有味了。

天然乐韵　湘灵鼓瑟

※ 原文

从江干溪畔箕踞石上，听水声，浩浩潺潺，粼粼泠泠，恰似一部天然之乐韵。疑有湘灵在水中鼓瑟也。

※ 译文

在江岸或溪边的石上曲腿而坐，聆听水声，时而潺潺而流，时而声势浩大，时而浅吟低唱，时而沉默寂静，真像一部大自然的旋律。我不禁怀疑是否有湘水的女神，在水中弹琴。

※ 评析

此处对水声的描绘极为生动形象，就好像一曲美妙的自然歌谣，充满了迷人的神韵。江边的巨涛，溪中的清流，与天地万物、远人近影合而为一，既体现了自然的神韵，又富有浪漫的色彩和神秘的气息。作者独自融入这美妙的景致中，幻想着那神奇的湘水女神在鼓瑟弹琴，为自己助兴，这境界怎能不令人向往呢？

如此美妙而丰富的大自然，也只有像作者这样内心宁静的人才可以体会得到，才能听懂这部无声的旋律，为尘事所扰的凡夫俗子，又岂能领悟？

书癖善裁　名饮重蕴

※ 原文

有书癖而无剪裁，徒号书橱；惟名饮而少蕴藉，终非名饮。

※ 译文

有读书的癖好，却不加选择和取舍，这样的人只不过像藏书的书橱罢了；只有善饮酒之名，却不懂饮酒中蕴含的情趣，终不能算作懂饮酒之人。

※ 评析

读书就如同交朋友一样，也要学会有选择、有取舍。喜好读书是好习惯，不过喜读书还要会读书，会读书还要善选书。读书的目的在于增长知识、培养素质，如果不管书的优劣而一味地去读，更不管书中的知识是有利还是有害，如此一来，就可能会从书中学到许多无益的东西，甚至贻害终生。若不能根据实际应用，便是对书本知识毫无见解，空有满腹经纶却不能消化运用，只能被讥笑为两脚书橱了。

饮酒之道，重在体会一种浓厚的意蕴内涵，不管悲欢离合也好，喜怒哀乐也罢。如果喝个烂醉如泥，不省人事，那只不过是一些酒肉之徒的作为，又何来饮酒的乐趣呢？

美酒一饮啼花落　清爽快意在天堂

※ 原文

鸟啼花落，欣然有会于心，遣小奴，挈瘿樽，酤白酒，釂一梨花瓷盏，急取诗卷，快读一过以咽之，萧然不知其在尘埃间也。

※ 译文

听到鸟鸣，见到花落，心中有所领悟而由衷欣喜，便让小童带着酒樽买回白酒，以梨花瓷盏饮下一杯酒，并马上取来诗卷，当作下酒的美味，这时胸中清爽快意，仿佛离开了凡间。

※ 评析

从鸟鸣中悟到“蝉噪林愈静，鸟鸣山更幽”的境界；从花落中悟到“落红不是无情物，化作春泥更护花”的道理，所以在作者心中鸟鸣花落都是很自然的事，但在这很平凡的事中，却又领会到了无言的乐趣。

抛却名利的欲求，才能如此超然于尘世之外。有些人总是觉得生活枯燥无味，于是便一心追求感官上的刺激，却仍然找不到生活的乐趣。实际上生活是靠自己安排的，情调也是靠自己营造的，与其苦苦地去追寻，不如用心体会当下的快乐。

名山之胜　妙于天成

※ 原文

自古及今，山之胜多妙于天成，每坏于人造。

※ 译文

从古到今的名山胜景，其绝妙之处大多在于天然生成，而破坏常常由于人工修造引起。

※ 评析

人类在改造自然的同时，也对环境造成了巨大的破坏，以致山不再青、水不再绿，更为恶劣的是破坏天然景观，使天然胜景不再，反而给人矫揉造作之感。

大自然本身就是能工巧匠，它塑造了许多让人叹为观止的杰作，但人们有时却自作聪明地多此一举，以为能够起到画龙点睛的作用，结果却适得其反，破坏了大自然的神韵。因为大自然有它自己的生命，也有其朴实而天然的审美意趣，天然的鬼斧神工，绝非人力所能及。

清闲无事　坐卧随心

※ 原文

清闲无事，坐卧随心，虽粗衣淡饭，但觉一尘不染；忧患缠身，繁扰奔忙，虽锦衣厚味，只觉万状苦愁。

※ 译文

清闲无事时，要坐要躺随自己的心愿，即使穿粗布衣服、吃清淡的饭菜，也没有觉得一丝平淡；那些忧愁烦恼而患得患失的人，整日都在繁忙中奔走劳顿，即使穿华丽的锦衣，吃美味佳肴，也觉得愁苦万般。

※ 评析

快乐是最宝贵的，但又不是金钱和富贵能衡量的，关键还是自己的感受。物质的享受固然重要，但闲适无忧也应该是一种快乐。人如果能找到放松自己心情的方法，就能在闲情逸致中享受安静真实的生活，即使是粗茶淡饭，也不会觉得愁苦。如果整天为名利所累，烦恼重重，不得安宁，即使物质生活上锦衣玉食，但精神压力不能摆脱，也只能愁苦万分。

可见，放开一切的人，才能享用一切，这才是生活最高超的技巧，这才是超凡脱俗的真功夫。

舞蝶游蜂　落花飞絮

※ 原文

舞蝶游蜂，忙中之闲，闲中之忙；落花飞絮，景中之情，情中之景。

※ 译文

翩翩起舞的蝴蝶，盈盈而飞的蜜蜂，它们在忙碌中有着闲情，在闲情中又显得十分忙碌；飘落的飞花，飞扬的柳絮，这景色蕴含着情意，情意中又有着景致。

※ 评析

事物不是绝对静止的，而是处于不断变化之中的，所以我们必须辩证地看问题；动中有静，静中有动，景中有情，情中有景，动静是结合的，情景是交融的。蜂飞舞、蝶游戏，看似忙碌地工作，却又好似在悠闲地欢乐歌舞，闲中有忙，忙中有闲，其妙处在于将生活的忙碌与生命的闲情结合到了一起。

人生之道也大体如此。在闲散无事时，要发愤自强，有应变之心；在忙碌的生活中，也要有闲适的雅趣，追求生命的安宁。

杨柳飞絮，落花纷飞，看起来悠然自得，无所束缚，实则却是如诗如画的情景写照，到底从中能悟得什么，那还要看每个人当时的心境如何。

鸟栖高枝弹射难　士隐岩穴祸焉至

※ 原文

鸟栖高枝，弹射难加；鱼潜深渊，网钓不及；士隐岩穴，祸患焉至。

※ 译文

鸟儿栖息在高高的枝条上，弹弓难以射到它；鱼潜藏在水深的地方，渔网和鱼钩不能捕获到它；有学问的人隐居在山林里，祸患又怎么能降临到他们身上呢？

※ 评析

古代士人躲避祸患的方法就是归隐山林，逃避俗世的纷扰，或者过着“采菊东篱下，悠然见南山”的生活，或者耕樵桃花源，“不知有汉，无论魏晋”。其实这也是人生经验的总结，因为在一个动乱的环境下，为了躲避飞来的横祸，保全自己的性命，自然就要鸟栖高枝、鱼潜深渊了。

但从现代社会来看，这种以隐居山林去逃避生活的消极态度是不足取的。真正遇到困难的时候，要勇敢积极地面对，寻求解决的办法，因为逃避不一定躲得过，面对才能解决根本的问题，所以现代人要更多地以积极进取的生活态度去珍惜生命，创造自己的人生价值。

混迹尘中 高视物外

※ 原文

混迹尘中，高视物外；陶情杯酒，寄兴篇咏；藏名一时，尚友千古。

※ 译文

行走于尘世中，眼光高远超出世间的物累；在酒杯中陶冶自己的情趣，在诗篇歌咏中寄托了自己的情趣；暂且隐匿自己的声名，还可在精神上与古人为友。

※ 评析

站得高，才看得远；经得多，才识得广。只要我们能心胸开阔，包罗万象，心中不存任何杂念妄想，便不会被烦恼忧愁所扰，逍遥自在地生活于天地之间。人若能摆脱对物质的追求，便可获得自由，不受尘世的束缚。

以杯中酒来陶冶自己的情操，抒发自己的胸怀，使灵感迸发，精神升华；以吟诵诗篇来寄托自己的志向，充实自己的精神世界。有这美酒诗篇相伴，便可寄情于其中，既可得精神上的愉悦，又可得生活中的快乐。

成名得志，不在一时，如一时得名，也只是空扰人心；如果朋友相交只是停留在表面上，就难以了解内心，只有相互真诚相待，才可获得真正的友谊。暂且隐匿自己的名声，却能在精神上与古圣先贤为友。

鸡鸣唤起窗前月 睡醒方知梦无痕

※ 原文

五夜鸡鸣，唤起窗前明月；一觉睡醒，看破梦里当年。

※ 译文

五更天将亮时，雄鸡啼鸣唤醒梦中人，只见一轮明月高挂在窗外；一觉醒来，顿悟种种往事，就像梦幻一般消失得无影无踪。

※ 评析

五更雄鸡唤醒梦中人，看到窗外明月高挂，眼前的此情此景，不觉使人思绪万千，梦中的惊喜与悲伤，爱恨与情仇，就如这梦境一般已了无痕迹。

梦醒后曾经让人愁肠寸断，心绪难平，无法忘却往事，但明白这人生如梦时，何必还让身心受折磨？倒不如放下那些虚妄的牵挂，让疲惫的身心摆脱世俗的纷扰，做一个快乐豁达的人。

扇风不如清风　井水不及甘雨

※ 原文

取凉于箑，不若清风之徐来；激水于槔，不若甘雨之时降。

※ 译文

用扇子求得凉爽，不如清风慢慢地吹拂；在井中汲水，不如上天降下甘霖。

※ 评析

大自然的力量是无穷的，人类的力量在它面前显得那么孤单而柔弱，天热了只能用扇子扇几下，与清风的吹拂相比岂不是天壤之别？当我们需要在井中汲水时，多么盼望上天能降下一场大雨，如甘露洒向人间。虽然人类在发展自身的同时也改造着自然，而且古人还提出人定胜天的理论，但大自然雄奇无比的威力，确实是人类无法改变的，所以在很多时候，改造自然远不如适应自然。

大自然本已赋予我们很多了，但是贪婪的人类还是向大自然无厌地索取。看到大自然被破坏得千疮百孔，人类是否应该反省？

月榭凭栏凌缥缈　云房启户看氤氲

※ 原文

月榭凭栏，飞凌缥缈；云房启户，坐看氤氲。

※ 译文

月光下倚靠着高台栏杆，心里早已飞向那恍惚缥缈的虚无之境；在高山云间居住时打开门扉，坐看山间云烟弥漫的气势。

※ 评析

皓月当空，倚栏而立，遥看如烟的云雾缥缈，仿佛梦境一般，使人如痴如醉，真不知自己真是在梦中，还是被眼前这美丽的景色陶醉了。生活在高山之上，与云霞为伴，享受大自然的无限美景风光，使人不由心灵遐飞，随风飘舞，看尽了眼前自然的神韵所在，这样仙境般的生活怎能不令人向往呢？

回头看看俗世众生，成天追名逐利，烦恼不已，不如孤独寂寞之时，留意身边美丽的风景，也许会少些牵绊，多些从容。